电子信息类创新性实验案例集

刘公致　陈　龙　马学条
张显飞　郑雪峰　　　主编

王光义　　　主审

西安电子科技大学出版社

内 容 简 介

本书是杭州电子科技大学优选的电子信息类创新性实验项目集锦。本案例集作品以实际应用为目的,介绍了与人们日常生活与工作关系较为密切的电子产品的设计方案、设计思路、制作方法等,如机顶盒鼠标遥控器、车辆定位监测系统、笔记本外置散热器、盲人语音避障系统、智能灯具、实训平台设计等,以及与人体保健有关的心率测试仪、智能药盒、视力保护系统等,也有一些理论研究探索的内容,如磁悬浮装置、四旋翼飞行器控制、平衡机器人控制、手写数字识别系统、多目标检测系统、滚球控制系统等,所应用的专业知识涉及图像处理、电机控制、多种传感器、无线通信、神经网络、控制算法及微信小程序开发等。

本书既可以用于高等学校创新性实验课程教学,也可以供电子信息类专业学生参加电子竞赛集训、课外科技项目申报及毕业设计选题等参考。

图书在版编目(CIP)数据

电子信息类创新性实验案例集/刘公致等主编. —西安:
西安电子科技大学出版社,2020.6(2022.7 重印)
ISBN 978 - 7 - 5606 - 5777 - 6

Ⅰ. ①电… Ⅱ. ①刘… Ⅲ. ①电子信息-实验-案例-汇编 Ⅳ. ①G203 - 33

中国版本图书馆 CIP 数据核字(2020)第 108468 号

策 划 陈 婷
责任编辑 陈 婷
出版发行 西安电子科技大学出版社(西安市太白南路 2 号)
电 话 (029)88202421 88201467 邮 编 710071
网 址 www.xduph.com 电子邮箱 xdupfxb001@163.com
经 销 新华书店
印刷单位 咸阳华盛印务有限责任公司
版 次 2020 年 6 月第 1 版 2022 年 7 月第 2 次印刷
开 本 787 毫米×1092 毫米 1/16 印 张 12
字 数 283 千字
印 数 1001～2000 册
定 价 36.00 元

ISBN 978 - 7 - 5606 - 5777 - 6/G

XDUP 6079001 - 2

前　言

　　人类的思维活动一方面是认识世界，即了解现实世界的真实现象和发展规律；另一方面是改造世界，即通过所掌握的规律来让现实世界变得更加适合自身的生存和发展，而改造世界的思维活动往往涉及创新。创新思维能力是人类各种能力中级别最高的，这种能力不是与生俱来的，而是通过后天培养锻炼出来的，因此创新思维能力的培养显得尤为重要。

　　目前高等教育已经把培养具有工程实践和创新能力的高素质人才作为首要目标，并开展了各类学科竞赛、创新创业训练计划、"挑战杯"竞赛等活动。这类创新活动一般只针对部分能力特别突出的学生，参与人数有限。为进一步扩大受益面，许多高校建立了相应的创新实验基地，开设专门的创新性实验课程，以便让学生在完成基础课实验后进行大型综合、设计、创新性实验。

　　杭州电子科技大学电子信息学院于 2010 年开设了电子信息类创新实验课程。通过课程学习，进一步激发了学生的创新兴趣，其创新意识、创新能力和团队协作精神得到了较好的培养和锻炼。课程实施过程中，学生自行申报选题，自主设计制作，产生了数百个创新实践项目。这些项目主要涉及工程设计与应用，也有基础理论研究，其中不乏创新性较强、实际应用价值较大的项目，形成了一批具有参考和实用价值的学生创新成果。成果类型包括创新性实验项目、竞赛获奖作品、期刊论文和国家授权专利等。指导教师对其中的一些成果进行了整理与汇编，形成了本案例集。

　　本书体现了指导教师"自主开放"实践创新教学模式探索的效果，凝聚了学生自主研学实践的创新性成果。案例集的整理出版可为电子信息类专业创新实践课程提供一些成果案例，供学生在学习、选题时参考，以便在创新项目选题前能够对本领域的现状有所了解，学习和借鉴学长们的创新内容、创新思路和创新方向，避免重复选题，进一步提升实践创新项目的创新效果。

　　由于篇幅所限，本案例集作品主要介绍设计方案、原理、思路、制作调试等方面的内容，有些具体的电路和源程序没有列入。由于时间比较仓促，加上编者水平有限，书中难免有不足之处，敬请读者批评指正。

编　者

2020 年 3 月

目　　录

一　一种基于微信小程序的智能药盒设计

作品设计　刘亚敏

摘　　要

　　智能药盒拥有智能轻便、物美价廉、兼容性高以及拓展性好等优点。本作品是一款适用于人们使用的智能化便利药盒，它可以设定多种药品和剂量，可以实现一天多次定时，以及未来一个月甚至一年的定时。

　　该智能药盒系统主要由五个模块组成，分别为手机端微信小程序、WiFi 通信模块、单片机最小系统、语音模块、放置药物的格子等。用户首先操作微信小程序设置药品种类、剂量、时间，然后将数据传送到服务器，单片机请求获取服务器 JSON 数据，待吃药时间到达时，药盒通过语音模块提醒用户服药。

　　该设计有两大创新点，一是采取微信小程序，开发量小，成本低，兼容性高，用户流量庞大，用户只需要通过扫描二维码或者搜索小程序名就可以进入程序界面，不用下载安装程序；二是通过 WiFi 进行通信，配置好服务器，手机连接上热点即可进行各项预设，可以超远程设定。

　　该设计突破了传统意义上的药盒设计，将手机移动端和单片机端两者很好地结合起来，实现了预先设定、大容量多功能、远程操控、远程提醒等功能。

　　关键词：智能药盒；远程提醒；多功能药盒设计；微信小程序

1　引　　言

　　在日常生活中，人们难免会服用各种各样的药品，有治病的也有保健的。由于人的记忆力是有限的，加之被生活和工作中大大小小的事情所影响，常常导致忘记按时服药，智能药盒就是在这种情况下应运而生的。智能药盒可以通过微信小程序远程设定时间，督促服药人按时服药，恢复健康。智能药盒的使用不仅仅局限于个人和家庭，也可以拓展到更广阔的领域，比如医院的医护系统，护士可以利用智能系统为各病房病人按时分发对应的药品，节约了人力物力。总而言之，智能药盒有很大的发展前景和研究开发价值。

　　许多智能药盒已在国内外相继面世，目前市面上流行的智能药盒有如下三类：

（1）基于单片机的智能药盒，用户通过按键设定吃药时间，并采用 LED 显示。其缺点是定时的时间和药品数量非常有限，实用性不强。

（2）基于蓝牙和 APP 的智能药盒，用户在 APP 上设定时间和药量，通过蓝牙将设定的数据传送给单片机，然后通过语音播报出来。其缺点是 APP 在不同系统上存在兼容性问题，开发 APP 工作量也比较大。

（3）基于 RFID 的智能药盒，采用非接触式的自动识别，可以永久存储数据，价格低廉，但通信信号强度受距离等因素影响明显。

本设计由用户首先操作微信小程序设置药品种类、剂量、时间，然后将数据传送给服务器，单片机 CPU 请求服务器获取数据，待吃药时间到达时，药盒通过语音模块提醒用户服药。本设计有两大创新点：一是采用微信小程序，而不是 APP，因为微信小程序对所有的系统，不同的移动端、浏览器都是兼容的，开发工作量小，开发成本低，用户流量巨大，用户只需要通过扫描二维码或者搜索小程序名即可进入程序界面，不需要下载安装程序，简单方便快捷，用户体验度高；二是通过 WiFi 进行通信，只要配置好服务器，手机只需连接上热点即可进行时间设定，亦可以远程设定，除了兼容性高之外，该设计可以设定较长提醒时间，比如一个月甚至更长。

2　总　体　设　计

智能药盒设计主要涉及智能和药盒两方面的内容。智能方面主要体现在应用微信小程序，使用手机移动端即可设定时间，采用 WiFi 通信，连接上热点就可进行远程设定，通信距离可达 100 m；药盒采用 3D 打印外壳，可定制尺寸；语音播报清晰响亮，提醒效果好。

2.1　主要技术指标

（1）设置药品个数：大于等于 9 个。

（2）定时时间长度：最长可达 1 年。

（3）每日定时次数：0～3 次。

（4）远程控制距离：可达 100 m。

2.2　总体结构框图

智能药盒系统结构的组成框图如图 1-1 所示。该系统主要包括微信小程序、WiFi 模块、微处理器、语音模块和药盒格子。

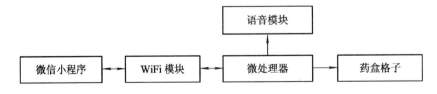

图 1-1　系统总体结构框图

微信小程序用于设置药品及提醒时间；WiFi 模块将用户设置的数据传送给微处理器；微处理器获取定时时间和药品信息并计时，判断到达定时时间时，控制语音模块发言提示，同时点亮对应药盒格子处的指示灯；语音模块用于播报药品名称和用量；药盒格子用于放置药品和亮灯提醒。

3 硬件设计

3.1 微处理器选型

系统采用 STM32f103C8T6 作为主微控制器芯片，芯片采用高性能高质量的 32 位ARM 内核，内置高速存储器，拥有 FLASH 和 RAM 及较多的 I/O 口，可以在低功耗、休眠、正常三种模式下工作，工作电压一般在 2 V～3.6 V。器件配有 ADC、定时器和 PWM定时器，工作频率高。

3.2 语音模块

语言模块采用了科大讯飞的 XFS5152CE 语音合成芯片，配以 HXJ8002 微型功放。语音芯片支持 SPI、I2C、UART 三种通信协议，本系统采用了更为便捷的 UART 协议，只要用单片机片内串口发送相应字符，该芯片即可将字符转换为相应的语音模拟信号，通过功率放大器后接入 0.5W 扬声器，将药品名称和剂量报出。语音播报功放电路图如图 1-2所示。

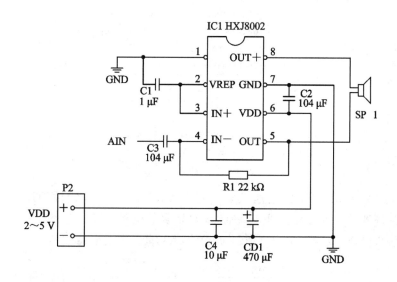

图 1-2 语音播报功放电路图

3.3 WiFi 通信模块电路设计

WiFi 模块采用成品 ESP8266 模块，该模块直接通过串口控制，配有晶振、发光二极管提示等外围电路，采用 PCB 天线、电容电感等进行 50 Ω 阻抗匹配，模块通信稳定，可工作在睡眠模式以降低功耗。WiFi 模块电路图如图 1-3 所示。

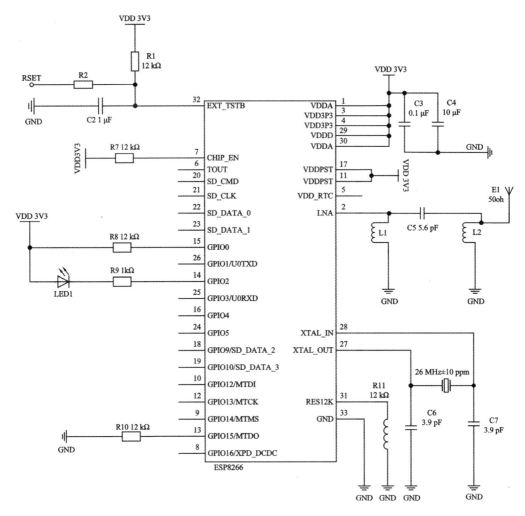

图 1-3 WiFi 模块电路图

3.4 供电电路

系统采用 5V/1500mAh 锂电池供电,通过 AMS1117-3.3 线性稳压器将电压降到 3.3 V 后给处理器及外围芯片供电,增加 1A 自恢复保险丝,保护电路在意外情况下能够自动断电,防止电路被烧毁,LED 灯提供电源指示功能。供电电路如图 1-4 所示。

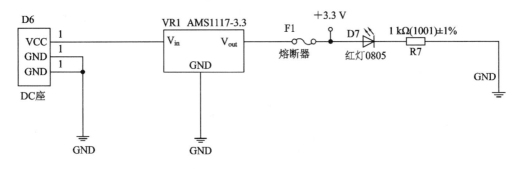

图 1-4 供电电路图

3.5　外壳设计

本设计的药盒外壳是象牙色，立方体，里面有一部分用于存放电路板；药盒里设计了一些小格子，可供用户存放各种药品，每个格子都有单独的指示灯，用于提示取药位置。

4　软　件　设　计

4.1　软件总体方案

本系统设计软件部分包含两个部分，一部分是下位机微处理器程序，主要用C语言进行开发编程，开发环境是Keil，下载器是STM系列常用的Jlink工具，并通过该工具将代码下载进去；另一部分是手机上位机微信小程序，使用的开发环境是微信开发者工具，采用JavaScript、JSON等语言编程。

4.2　微处理器STM32C8T6程序设计

微处理器的程序流程如图1-5所示，首先是将单片机初始化，即对WiFi模块语音模块、LED灯接口、RTC时钟等一些参数进行初始化，并设置中断优先级；参数初始化完毕后，微处理器通过HTTP通信协议向服务器申请数据，并对数据包进行处理解析，每隔30 s向服务器申请一次JSON数据，并将其存储在一个数组里；RTC时钟计时等待，若RTC时钟与设置的JSON时间数据不相同，则RTC时钟继续计时等待，直到RTC时间与设定时间相同为止。当RTC时钟与设置的JSON时间数据相同时，单片机CPU将JSON药品、剂量的数据传送给语音芯片，发出语音播报提醒用户服药。用户设置时间是随机、不定时的，所以单片机需要实时获取所设定的时间，单片机每隔10 s向服务器发出请求，申请获取JSON数据。因为STM32单

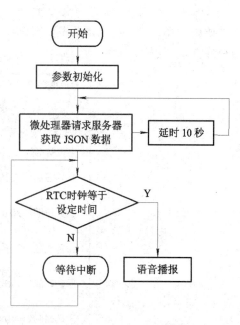

图1-5　微处理器程序流程图

片机是单进程的，当服务器get请求与RTC时钟同时发生时，产生容错，此时，服务器get请求优先执行，当服务器请求完成延时一段时间后，RTC时钟继续请求中断，语音模块播报提醒用户服药。

4.3　手机端微信小程序设计

微信小程序软件设计主要分为三大部分内容，第一部分是页面的布局设计，第二部分是系统缓存，第三部分是JSON数据发送给服务器。

（1）页面布局设计：前端页面主要是通过WXML、WXSS、JS文件来实现的，WXML

搭建整个页面的轮廓框架，WXSS 给页面添加样式，使整个页面更加多姿多彩，JS 主要用来写一些动作事件，比如按下按钮、添加数据等动作事件。这三种语言结合起来才能创造出绚丽美妙的网页页面。

（2）系统缓存：系统缓存是系统中存储的一些数据，可以是系统本身存在的数据，包含文件路径数据，图片数据、文件数据等；还有一些是用户所产生的数据，比如用户名、密码、一些权限数据等。

（3）JSON 数据发送：微信小程序里设置药品名称、药品服用时间、服用次数、服用剂量等数据都要通过无线通信传输到服务器里，然后微处理器不断请求服务器里的 JSON 数据并解析出来，分别送往语音模块、RTC 时钟，进而进行后续的各种操作和请求。

1. 微信小程序界面设计

药品增加页面如图 1 - 6 所示，最上面是药品名称，可以是中文、英文、特殊字符、特殊标号，长度不设限，当药品名字符超过手机屏幕宽度时，可以滚动往下滑，从而使字符串不会溢出。下一行是起始日期，可以设置年月日。服药次数有 0～3 次可以选择，选定之后，具体的服药时间设定和服药次数相对应，具体的当天的服药时间用户则可以自由选择。当选择发送数据后，页面会提示是否还需要增加药品，此时用户需要特别注意，如果不需要则选择"不需要"，如果需要则选择"需要"，否则系统会出现错误，这里也特别提醒用户注意这一点。

图 1 - 6　增加药品页面图

药品一览页面记录了设定的药品种类和起始时间，每条记录后面设有 Delete 按钮，每条记录可独单个删除，当设置药品有误，用户可删除对应的记录，从而保留其他的记录，智能方便。当然，如果所有的记录都不想保留，就可以按清除记录按钮，简单快捷。

当所有的数据设置完成之后，单击最后的数据发送按钮，发送数据，设定好的数据即可传输到服务器端，单片机需要这些数据的时候，需要通过 WiFi 模块请求服务器获得 JSON 数据，然后对 JSON 数据进行解析，单片机进而提取出关键数据，分别送往语音模块、RTC 时钟，等到 RTC 时钟与所设定时间一致时，语音播报药品名和剂量，提醒用户服药。

2. 云服务器说明

本系统设计采用的是腾讯云服务器，简称 CVM，云服务器比物理服务器更加方便便捷，用户可以快速使用多台云服务器，而不需要占用物理空间。云服务器可以远程维护，性价比高，非常适合中小型企业使用。一些设置性的环境或者设备只需要交给云端自己就可以解决，开通的时间可以长也可以短，可根据用户自己的需求来定，更加人性化，智能化。

5　系统的整体组装和调试

5.1　系统组装

系统硬件电路是由各个模块组成的，包括 STM32C8T6 最小系统、电源、WiFi、复位、语音等各个模块。电路的原理相对比较简单，所使用的器件和模块都是比较常用的，所以设计起来也比较得心应手。PCB 布局虽然有些繁杂，但熟能生巧，经验越丰富画起来也越简单。

手机端系统软件其实就是一个微信小程序，每个界面简单明了，易于操作，页面开发量小，但与服务器通信部分比较繁杂，配置起来不太容易，除此之外，JSON 数据的解析也是重点，需要数据结构算法，有一定的难度。

1. 焊接电路板

本系统设计采用的是工业电路板制作，电路板上的独立元器件则由自己焊接，但焊接质量直接影响代码的实现程度，所以焊接的时候需要遵循一些规则并掌握一定的技巧：

（1）注意焊接顺序，先焊接哪个后焊接哪个要事先规划好，这样在焊接中就不会手忙脚乱、毫无秩序。

（2）对有底座的芯片，焊接时一定要将芯片和底座的方向对应起来，这样才不会将引脚接错。

（3）焊接要呈圆锥形，保证周围都有锡，防止虚焊。

（4）焊接工作完成之后，要检查焊接点，防止短路或者虚焊。

（5）焊接一些大模块时，要保证引脚、型号等符合预期。

（6）首先连接各个芯片的电源引脚和地线，保证芯片有工作电压。

（7）比较相似的芯片，可以采用相同的方法进行焊接，减少错误。

（8）滤波电容离芯片电源引脚尽量近，达到滤除 PCB 噪声的作用。

（9）加入自恢复保险丝起到意外防护作用。

（10）根据功耗大小配置电源线宽。

2. 电路组装

智能药盒电路部分实物图如图 1-7 所示。

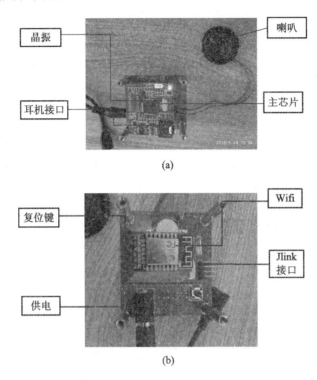

(a)

(b)

图 1-7　智能药盒电路部分实物图

5.2　调试

1. 硬件调试

调试之前，认真检查引脚焊接是否正确。准备工作做好之后，开始调试。接通电源，观察有没有气味、烟雾等情况发生。如果有这些现象，要立即关掉电源，排查好故障后再重新接通电源；不加输入信号，测静态工作点，若没有问题，再加入输入信号，观察电路输出是否符预期结果；调整参数值、工作点等，观察波形、幅度等是否符合要求；最后对测试数据和结果进行记录和评估。

2. 软件调试

单片机软件调试使用 Keil 软件，如果代码有语法错误，系统会有一些明显的提示，找到有错误的地方，直接修改更正就可以了，简单易操作，一般开发者都可以自己解决。对于逻辑错误，编译之后并不会有错误提示，此时可以设置断点，让代码一步步地运行，一点点地排查错误的逻辑，特别是循环的地方容易出错，要格外小心谨慎。微信 Web 开发者工具带有模拟器，可以真实模拟各种条件和环境，编译检查错误，逐步定位，排查错误，最后页面完美呈现。

3. 整体调试

首先将 C 语言程序代码下载到单片机中，并且将主板充好适量的电量，其次，手机连接上热点，打开手机微信扫描二维码进入微信小程序，设置药品名、服药次数、提醒时间，单击"发送"按钮，最后，待设定时间到达后，药盒语音播报用户服用的药品名和药量。如果没有达到预期效果，则要查找原因，分清楚是代码问题还是逻辑错误，适时做出调整。

6　结　　论

本设计达到了预期的要求，药品个数、服药次数、服药时间段都可由用户自己设定，每次设定的记录可以单条删除，也可以全部清除，并且可以语音播报服药药品名和服用的剂量，达到了真正意义上的智能。本设计方便携带、功耗低、成本低，解决了老年人以及现代上班族"忘吃药"、"吃错药"、"吃药难"等弊端，市场潜力巨大，发展前景好，容易走进千家万户。

本设计有两大创新点：一是手机端采用微信小程序设计，微信小程序简单易学，容易开发，工作量比较小，不存在兼容性问题；二是采用 WiFi 通信，WiFi 只要在有热点的地方即可设置，可实现远程设置，不会使用智能手机的老年人可以由子女通过手机远程设定。该系统也可以直接用于医疗系统，简单、方便、智能。本设计存在的不足之处是，WiFi 通信功耗大，续航时间短，需要及时充电。在接下来的研究中，该系统设计将会朝着低功耗的方向发展。

目前，市场上这种智能药盒较多，本设计能很好地提升这些系统的性能，显著提升用户的使用体验。本设计的两大创新点，可以成为市场竞争的巨大优势，不仅如此，本设计系统具有很好的拓展性，可以移植到医院的医护系统或者任何需要对用药时间进行监控的地方和领域，而且价格便宜，非常适合大众用户使用。

二 盲人语音避障系统设计

作品设计 代鑫

摘 要

本作品主要设计基于电源、单片机、超声波测距传感器、倾角传感器、显示、按键、语音播报及提醒等模块的数据测量和数据处理系统，继而实现整个盲人语音避障系统的功能。电源模块为本系统提供电源支持；单片机模块用于系统的控制以及处理系统测量和设置的数据；超声波测距传感器模块用于测量系统装置至检测点间的直线距离；倾角传感器模块用于测量系统装置至水平面的垂直方向及系统装置至检测点间的直线距离方向的角度；显示模块用于显示系统参数、系统测量数据和检测所得检测点的实际情况；按键用于设置系统参数；语音播报及提醒模块用于播报系统检测所得实际情况并及时做出提醒。盲人语音避障系统的主要数据处理过程包括数据的测量、数学处理和比较。

本系统选用 STM32 型单片机，利用 C 语言完成设计程序的编写；选择 Keil 软件编译器进行系统主程序和各个子程序的编译和调试，最后再利用 FlyMcu 串口下载软件将程序下载刻录。

该盲人语音避障系统实现了对数据的及时检测和良好处理，解决了盲人无法准确判断是否有障碍物和障碍物的类别等问题，有助于盲人进行正常的生活和工作。

关键词： 盲人；语音避障；单片机；超声波传感器；倾角传感器；三角函数

1 引 言

在现实世界中，存在着急需大家关爱的盲人群体。中国约有 1300 万盲人，占全世界盲人总数的 20％左右，这个数据还在以每年 450000 人的速度快速增长。因为自身的缺陷，盲人无法正常的生活，更加重要的是，无法正常视物增加了盲人发生意外事故的可能性，尤其是在公共场合或者是陌生的环境中，盲人处于对周围环境完全未知的状态中，各种事故极易发生。

目前国内外市场上也存在一些盲人设备，但这些设备很多存在较大的缺点。例如，盲人可以利用拐棍来探知未知物，也可以使用导盲犬来帮助他们，但是前者由于探知范围很小并且难以探知移动的物体，局限性很大，作用较小，虽然现在有一种拐棍可以折叠或者加有多角防滑垫等，但是使用起来灵活度不够，对盲人的帮助并没有实质性的提高。导盲犬可以给予有视力障碍的人帮助，但导盲犬驯服起来十分不容易，据了解，训练一条引导犬要花费一到两年的时间才能达到为盲人服务的水平，而且费用高昂。

2 总体设计

盲人语音避障系统是为了解决盲人无法准确地判断是否有障碍物和障碍物的类别，并且及时有效地收到提醒以躲避障碍、减少伤害而设计的实用性系统。本系统使用超声波测距传感器模块来测量系统设备和检测点之间的直线距离；采用倾角传感器模块测量系统装置至水平面的垂直方向与系统装置至检测点间的直线距离方向的角度；采用单片机模块用于系统的控制以及处理系统测量和设置的数据。此外，电源模块为整个系统的运行提供电源能量支持；显示模块实现显示功能，本系统显示的内容有系统高度参数、系统距离测量数据和检测所得检测点实际情况，有无障碍物以及障碍物为沟或为坎；按键模块用于设置系统参数；语音播报及提醒模块用于播报系统检测所得实际情况并及时做出提醒。整个系统操作简单，实用性强，应用范围广，可有效帮助盲人在陌生环境下避免伤害，有助于盲人进行正常的生活和工作。

系统的总体结构框图如图 2-1 所示。

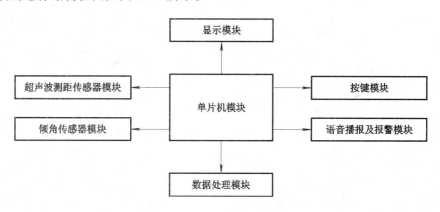

图 2-1　系统总体结构框图

2.1 系统工作过程说明

系统利用单片机模块处理系统测量的角度、距离数据以及设置的高度数据等。单片机模块通过比较判断可以得出检测点有无障碍物以及障碍物的类别（沟或坎），具体方法如图 2-2、图 2-3、图 2-4 所示：M 为系统装置；c、C、C' 分别为检测点无障碍物、检测点障碍物为沟、检测点障碍物为坎时，超声波测距传感器测得的避障系统设备距离检测点的直线距离，c 也称为检测装置至检测点间的理论直线距离；b 为系统装置与地面间的垂直距离，根据使用情况不同，可以在系统开始检测工作前利用按键进行设置；β 为倾角传感器测得的系统装置至检测点间直线距离方向与垂直方向的角度；a、A、A' 分别为检测点无障碍物、检测点障碍物为沟、检测点障碍物为坎时得到的系统装置至检测点间的由测量数据换算得到的测量水平距离，a 也称为系统装置至检测点间的理论水平距离。由图 2-2 得

$a=b \cdot \tan\beta$，$a=c \cdot \sin\beta$，测量水平距离等于理论水平距离，判断检测结果为检测点无障碍物，即测量水平距离不等于理论水平距离时，判断检测结果为检测点有障碍物；由图 2-3 得 $a=b \cdot \tan\beta$，$A=C \cdot \sin\beta$，$A>a$，测量水平距离大于理论水平距离，判断检测结果为检测点有障碍物且障碍物为沟；由图 2-4 得 $a=b \cdot \tan\beta$，$A'=C' \cdot \sin\beta$，$A'<a$，测量水平距离小于理论水平距离，判断检测结果为检测点有障碍物且障碍物为坎。

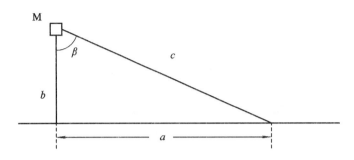

图 2-2　无障碍物示意图

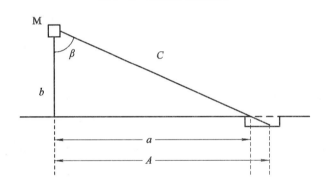

图 2-3　障碍物为沟示意图

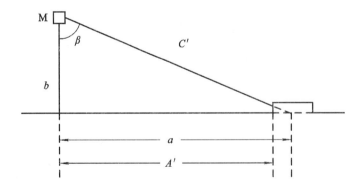

图 2-4　障碍物为坎示意图

　　值得注意的是，运用三角函数进行数据计算和比较的方法并不唯一，以上具体介绍的是利用水平距离的比较来判断检测点有无障碍物以及障碍物种类，在实际的软件操作中也可以利用超声波测距传感器测量相关数值并进行比较判断。另外本系统设置阈值以使测量结果不会被微小变化所影响，以便得到更准确的判断。

2.2 主要技术指标

（1）可测量检测点直线距离大于 2 m，误差小于 15 cm。

（2）倾角测量范围为 0～90°，误差小于 2°。

3 硬 件 设 计

3.1 单片机模块

单片机模块实现对本系统的控制以及处理系统测量和设置的数据，本系统选用的是 STM32 系列的 STM32F103RCT6 型单片机系统板。与其他微控制器相比，STM32F103RCT6 型微控制器拥有极高性能的内核配置，工作频率高，内置高速存储器，定时器功能也很强大，有丰富的输入/输出端口，还设计有两个 I^2C、三个 USART、两个 SPI 等 9 个通信接口。

3.2 超声波模块

超声波测距传感器模块选用 HC－SR04 传感器。HC－SR04 超声波测距传感器技术成熟，使用方便简易，性能稳定，测距也很精确，所以应用广泛。在本设计中，使用 HC－SR04 超声波测距传感器模块，并且按照要求连接引脚 PA6 和 PB0，实现超声波的发射和接收，根据检测到的时间间隔和超声波的传播速度，很容易得到测量系统装置至检测点间的直线距离。如图 2－5 所示为该设计的 HC－SR04 测距模块电路连接图。

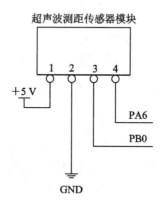

图 2－5 HC－SR04 模块电路连接图

3.3 倾角传感器模块电路

倾角传感器模块选用 ADXL345 数字式倾角传感器，并且选择引脚 PB8 和 PB9 连接电阻再连接 5V 电压端。利用 ADXL345 测得所需的 X 轴、Y 轴、Z 轴的三轴数据，再用所得到的数据推算出需要的角度。ADXL345 模块电路如图 2－6 所示。

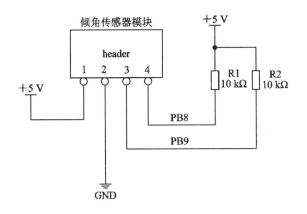

图 2-6 ADXL345 模块电路

3.4 语音播报及提醒模块电路

语音播报及提醒模块选用 CN-TTS 语音合成设备来实现障碍物与系统装置之间的水平距离和障碍物类别信息（沟/坎）的语音播报，以及时做出提醒。CN-TTS 是一种语音合成模块，有较强的集成性。在连接的时候，如图 2-7 所示，单片机 PA9 为 TX 数据发送端，PA10 为 RX 数据接收端，与设备的 RX 端和 TX 端错位连接。MCU 通过 USART 串口将代码发送到 TTS 模块，以执行语音合成广播。

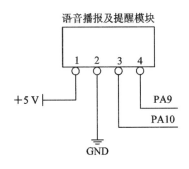

图 2-7 语音播报及提醒模块电路

4 软 件 设 计

4.1 总体方案

本系统软件设计部分选择了 C 语言对主程序和每个子程序进行编程，进而选择 Keil 软件编译器，对主程序和每个子程序进行编译和调试工作，最后再利用 FlyMcu 串口下载软件，将系统各程序下载烧录。

4.2 程序流程图

1. 主程序流程图

系统的一次工作流程大致如下：开始工作，系统模块初始化；用按键设置系统工作高度参数；系统开始检测检测点；根据三角函数公式，当系统装置至检测点间的测量直线距离不等于理论直线距离时，判断检测点有障碍物，否则判断检测点无障碍物；当判断检测点有障碍物时，进一步地，当系统装置至检测点间测量直线距离大于理论直线距离时，判断检测点障碍物类别为沟，并语音播报系统装置至障碍物的水平距离和做出障碍物为沟的提醒；同理，当系统装置至检测点间测量直线距离小于理论直线距离时，判断检测点障碍物类别为坎，并语音播报系统装置至障碍物的水平距离和做出障碍物为坎的提醒；系统高度参数、系统测量数据和检测点实际情况通过显示模块显示。注意本软件编程采用装置系统与检测点间测量直线距离与理论直线距离进行比较判断，并设置阈值。

如图 2-8 所示为本盲人语音避障系统的主程序流程图。

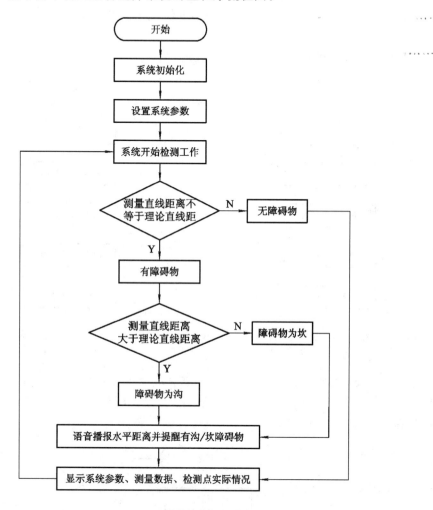

图 2-8　系统主程序流程图

2. 子程序流程图

1) 超声波测距传感器模块

超声波测距传感器模块的工作流程大致如下：首先是程序进行初始化（InitHCSR04）；超声波发生器发射超声波，超声波接收器接收超声波回程信号；获取 TIM1 超声波发射时间数据和 TIM2 接收超声波时间数据，再进行计算。也就是说，执行减法操作获得 TIM2 - TIM1，然后乘以空中超声波传播速度的一半，以获得测量装置与障碍物的直线距离；然后在程序中利用 distance＝HCSR04GetDistance 获取距离，并通过显示屏显示。值得注意的是，为了使得到的数据更加平滑准确，采用了均值滤波的方法，用均值代替一个邻域内的测量值。

超声波测距传感器模块程序流程图如图2-9所示。

2）倾角传感器模块

倾角传感器模块中使用了 ADXL345 传感器模块进行角度采集。第一步先对 ADXL345 模块进行初始化(ADXL_init)。发送相关的命令，利用 I^{2}C 通信协议获取 X、Y、Z 三轴数据，本系统设计需要的是 Y 轴和 X 轴的数据。得到相应数据后，计算弧度值，再由弧度值乘以 180 再除以 3.1415926 得到角度值；用 ADXL_read 语句读取角度值，最后在显示屏上显示角度。

倾角传感器模块程序流程图如图 2-10 所示。

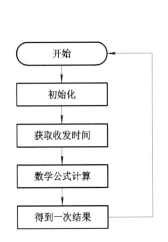

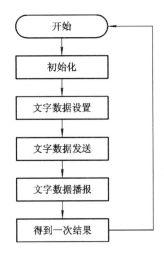

图 2-9　超声波测距传感器模块程序流程图　　　　图 2-10　倾角传感器模块程序流程图

3）语音播报及提醒模块

语音播报及提醒模块选用 CN-TTS 语音合成设备来实现障碍物与系统装置之间的水平距离和障碍物类别信息(沟/坎)的语音播报，以及及时做出提醒，语音播报及提醒模块程序流程图如图 2-11 所示。

图 2-11　语音播报及提醒模块程序流程图

5 制作与调试

5.1 系统的总体制作

1. 总体特点

本系统涉及的硬件电路设计有以下特点：

（1）所用到的电路原理都不太难，用到的一些器件和模块也比较常见。

（2）外围电路较多。

因此，在实际操作时要合理布线，尽量使焊接简单化，降低发生错误的可能性，同时要注意焊接时防止各部分之间的干扰。

2. 焊接

为了便于焊接和调试，将电路划分成为两个大块：

（1）功能齐全的单片机系统板部分。

（2）其他用到的外围电路为一部分。

这样做的好处是可以排除主控芯片的错误导致的问题，同时也可以减少焊接的时间。焊接前需要熟知所用芯片各引脚定义，严格按照电路原理图连接引脚。

焊接时下列几点要特别注意：

（1）要先焊接电源线和接地线，因为这样才能确保工作电压正确。

（2）从低处到高处、从小器件到大器件焊接，防止焊接过高的元件之后阻碍其周围元件的焊接。

（3）电源线和接地线应尽可能取厚。

（4）按照一定顺序进行，避免遗漏。

3. 系统实物图

系统实物如图 2-12 所示。

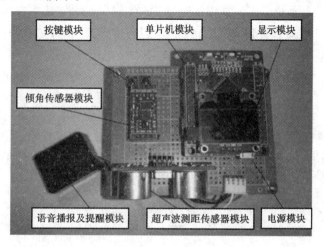

图 2-12 系统实物图

5.2 调试

外接充电宝作为电源,开启系统,系统初始化后开始测量,无障碍物时系统不进行播报。接下来设置模拟的沟或坎障碍物,系统检测到障碍物时播系统装置与障碍物之间的水平距离以及障碍物种类。在实际调试过程中,发现有时测得的结果会发生跳跃变化,超声波测距受到了除了障碍物以外其他微小物体的影响,所以设置了 200 mm 的阈值,以排除干扰。

如表 2-1 所列的检测结果所示,选择设置的高度值为 70 cm,测得的角度为 46°的情况进行具体介绍。实地检测发现测量的角度误差小于 1°并且几乎可以忽略不计,符合任务要求。进一步地,可通过计算得出理论的系统距离检测点直线距离约为 101 cm。

表 2-1 检测结果

测量角度 /(°)	测量距离 /cm	设置高度 /cm	检测状态	播报距离 /cm	实际距离 /cm	测距误差 /cm
46	96	70	安全	无	100	4
46	50	70	坎障碍物	66	58	8
46	122	70	沟障碍物	76	132	10

第一种情况,测得的距离检测点的直线距离为 96 cm,判断状态显示为安全。理论的系统距离检测点的直线距离为 101 cm,加上阈值,为 121 cm,大于测得的距离 96 cm,并且 101 cm 减去阈值为 81 cm,小于测得的距离 96 cm,所以检测点状态为安全,即没有障碍物。另外,手动测量设备到检测点的线性实际距离约 100 cm,所以实际值 100 cm 减去测量值 96 cm,即误差为 4 cm,符合任务要求。

第二种情况,测得的距离检测点直线距离为 50 cm,判断状态显示为坎障碍物。理论的系统距离检测点的直线距离为 81 cm(101 cm 减去阈值),大于测得的距离 50 cm,所以检测点状态为有障碍物,障碍物为坎。系统设备距离坎障碍物的水平距离为设置高度 70 cm 乘以测得角度 46°的正切函数值,得到约为 72 cm。此时,语音的实际播报为"前方 66 厘米有坎"。注意,理论上应该播报的是"前方 72 厘米有坎",此播报误差据实际情况分析是由于测量时,人工稳定设备时会发生抖动,所以角度在 46°左右轻微偏差导致的。接下来,手动测量设备到坎障碍物的线性实际距离约为 58 cm,测距误差约为 8 cm,符合任务要求。

第三种情况,测得的距离检测点直线距离为 122 cm,判断状态显示为沟障碍物。与以上判断方法同理,理论的系统距离检测点的直线距离为 121 cm(101 cm 加上阈值),小于测得的距离 122 cm,所以检测点状态为有障碍物,障碍物为沟。此时语音实际播报为"前方 76 厘米有沟",与第二种情况的原因相同,也是由于人工方式稳定角度而造成的播报偏差,理论播报应为"前方 72 厘米有沟"。再手动测量设备到沟障碍物的线性实际距离约为 132 cm,测距误差约为 10 cm,符合任务要求。

6 结 论

系统最终实现了实时测距并识别周围障碍物,判断障碍物是沟还是坎,并进行实时语音播报和报警提醒的功能，具有较高的准确性和较低的功耗，很好地实现了可测量检测点直线距离大于 2 m，误差小于 15 cm，倾角测量范围为 $0\sim90°$，误差小于 $2°$的技术参数。

　　系统还有一些待完善改进的地方。例如所使用的超声波测距传感器模块，由于受限于其本身的测距原理，物体倾斜测量存在一定的误差，可以尝试选用其他方法（如激光测距）来测距，以改善由于超声波倾斜测距带来的误差，也可以运用一些数据分析软件分析不稳定的数据测量结果，找到规律进一步缩小误差。另外，在系统的参数设置和调节方面，本作品采用的是用按键实现功能，可以尝试运用语音识别的方法来实现该功能，从而使本系统更加适合盲人群体使用。

三　机顶盒鼠标遥控器设计

作品设计　刘陈林

摘　要

　　传统的机顶盒红外遥控器都是手持按键式的，使用时只能按上、下、左、右方向一步一步移动，随着显示界面菜单越来越复杂，这种操作方式显然不够方便。为改变这种传统遥控方式，带给用户更好的体验，设计了一种非常有创新意义和实用价值的机顶盒鼠标遥控器。该遥控器结合鼠标的操作方式，可以在前、后、左、右四个方向组合移动并且可以连续移动，同时包含了鼠标的确认、返回等功能，可以给用户一种全新的体验。

　　该机顶盒鼠标遥控器采用的控制芯片是低成本的单片机 AT89C2051，与鼠标通过 PS/2 协议进行通信，可完成红外编码的存储、对光电鼠标操作信号的读取、数据的处理、发射电路的控制等操作。

关键词：机顶盒；遥控器；鼠标；单片机；软件调制；红外编码

1　引　言

　　随着数字电视技术的发展和普及，机顶盒的功能越来越强大，其操作界面也越来越复杂，一般采用红外遥控器来操作，红外遥控器技术已经非常成熟，红外遥控器由于其体积小、功耗低、功能强、成本低的特点，已经在家电产品设备中广泛应用。传统的红外遥控器的方向键只有四个，只能实现上、下、左、右四个单一方向的移动，而且只能是一步一步地移动，不能实现这四个方向的组合移动，比较单一，不够灵活。光电鼠标是计算机不可或缺的一部分，随着计算机的普遍化、家庭化，消费者已经熟悉并习惯使用鼠标。将红外遥控技术与光电鼠标技术结合起来，就是机顶盒鼠标遥控器，它可以实现在界面内任意方向的移动，同时可以在界面内实现跳跃式的移动，更方便和更友好，还可以具备"确定""切换""后退"等功能。它既符合人们对鼠标的使用习惯，也提供给用户一种全新的体验。

2　总 体 设 计

2.1　总体结构设计

　　本系统主要由光电鼠标动作信号接口电路、单片机、红外发射电路组成，如图 3-1 所示。光电鼠标动作信号接口电路实现将鼠标移动的方向距离和左右键、滚轮动作的信息转化为 PS/2 的数据格式，通过 PS/2 协议传输出去，单片机部分通过 PS/2 协议对光电鼠标进行扩展配置，读取光电鼠标发送的信息，单片机还要产生红外编码信号；红外发射电路部分的作用主要是驱动红外发射管，增大发射功率。

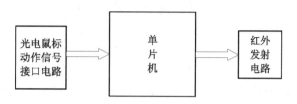

图 3-1 系统总体结构框图

2.2 主要工作过程

实际设计的主要思路是先用示波器将机顶盒红外遥控器的各个键发射的编码信息采集下来，以二进制形式存储在单片机的内部程序存储器里。首先单片机通过 PS/2 接口对光电鼠标的操作模式进行设置，当光电鼠标有动作时，它将发射四个字节的信息给单片机，单片机通过外中断读取光电鼠标信息并进行处理，读取存储的红外遥控器的编码信息，打开定时器，产生相应的红外编码信号，通过三极管驱动红外发射管。

2.3 设计要求和内容

设计机顶盒鼠标遥控器，要求该遥控器能按照光电鼠标的工作方式来遥控机顶盒，能代替普通遥控器实现开关机、选台、调音量、选菜单等功能。要求做出实物，并且能够演示。

（1）利用升压电路把干电池的 3 V 电压转换成单片机能工作的 5 V 电压。系统用 3 V 供电，如果其他芯片有 5 V 供电的，则升压芯片，将 3 V 电压升到 5 V 电压，也可以全部选用 3 V 器件来实现。

（2）增加遥控的距离。在 PCB 布局中要注意布线尽量短，信号线应用地隔离。H0038 接收头对 38 kHz 的信号最敏感，接收距离最长，所以应尽量将编码信号调制在 38 kHz 频率上，同时用三极管进行放大，增大发射功率，在电流不过载的情况下适当减小上拉电阻的阻值，从而增加其电流强度，也可以并联一个红外发射管。

（3）选取 PS/2 光电鼠标的操作模式，并对标准的 PS/2 鼠标进行扩展，进入滚轮模式。这需要对 PS/2 鼠标进行一些命令操作，进入滚轮模式后，由标准的三个字节的数据包变成四个字节的数据包。

（4）光电鼠标的 X 轴和 Y 轴的移动和普通遥控器的四个方向键很不一样。普通遥控器的四个方向键的操作是单步的，而鼠标的四个方向的移动可以是连续的，所以需要将其转化为单步的，就需要设置一个门限。这个门限的取值非常重要，要使光电鼠标遥控器既不感觉迟钝，也不能感觉太敏感。要解决这个问题，必须反复调试，找到适当值。

2.4 主要功能和技术指标

（1）干电池 3 V 供电。

（2）遥控距离 5 m 以上。

（3）实现开关机、选台、调音量、选菜单等功能。

（4）实现箭头可以任意方向移动和多步跳跃移动。

3　硬件电路设计

3.1　单片机

本设计的原理与结构比较简单，用单片机 AT89C2051 足够满足本设计所需要的各种功能。AT89C2051 采用 DIP - 20 封装，体积小，占用空间小。同时，AT89C2051 价格比较便宜，这样可以大大节省设计成本。该芯片是美国 ATMEL 公司生产的低电压、高性能 CMOS 8 位单片机，片内含 2K 字节的可反复擦写的 Flash 只读程序存储器和 128 字节的随机存取数据存储器（RAM），器件采用 ATMEL 公司的高密度、非易失性存储技术生产，兼容标准的 MCS - 51 指令系统，片内置通用 8 位中央处理器和 Flash 存储单元。

3.2　光电鼠标电路

光电鼠标电路的工作原理是在光电鼠标内部有一个发光二极管，通过该发光二极管发出的光线，照亮光电鼠标底部表面（这就是为什么鼠标底部总会发光的原因），然后将光电鼠标底部表面反射回的一部分光线，经过一组光学透镜传输到一个光感应器件（微成像器）内成像。这样，当移动光电鼠标时，其移动轨迹便会被记录为一组高速拍摄的连贯图像。最后利用光电鼠标内部的一块专用图像分析芯片（DSP，即数字微处理器）对移动轨迹上摄取的一系列图像进行分析处理，通过对这些图像上特征点位置变化的分析，来判断鼠标的移动方向和移动距离，从而完成光标的定位。最后将这些信息转化为 PS/2 数据格式传输给主机。

光电鼠标电路最主要的部件是一块专用图像分析芯片 DSP，这里用的是 A2633，下面是 A2633 的应用和特点。

1. 产品特征

（1）PS/2 接口单芯片解决方案。

（2）光学导航技术。

（3）单电源 5 V 供电。

（4）工作电流为 15 mA 甚至更低。

（5）支持 3D 和 3 键模式。

（6）支持 800DPI 和 1600DPI 两种扫描精度，可以通过 DPI 键来设置。

（7）微软认证。

（8）PS/2 即插即用功能。

（9）支持 Z 轴机械编码器。

（10）有上电复位功能。

（11）内置校准器。

（12）静电放电保护设计＞±2000 V。

（13）DIP - 12 封装。

2. PS/2 接口电路

PS/2 口与单片机的接口电路非常简单，如图 3-2 所示，只需要时钟线和数据数线串联一个 100 Ω 的限流电阻就可以。时钟线接单片机的外部中断 1，低电平有效。

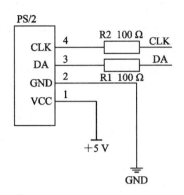

图 3-2　PS/2 接口电路

3.3　红外发射电路

本设计中红外编码信号采用的是单片机软件调制，使外围发射电路更加简单。这个发射电路的主要作用增大发射距离和发射功率，因此要对各个元件参数进行设计。采用三极管 9013 来驱动红外发射管可以增大发射功率，如图 3-3 所示。

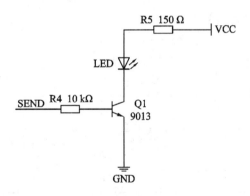

图 3-3　红外发射电路

常用的红外发光二极管（如 SE303·PH303）其外形和发光二极管 LED 相似，发出红外光（近红外线约 0.93 μm），管压降约 1.4 V，工作电流一般小于 20 mA。为了适应不同的工作电压，回路中常串有限流电阻。

4　软　件　设　计

4.1　软件总述

本系统硬件设计部分比较简单，关键是软件设计部分。系统软件设计采用高级语言 C

语言进行设计,使用的编程工具是 Keil。图 3-4 是软件设计部分的程序流程图。

系统初始化后,首先对光电 PS/2 鼠标进行设置,即发送复位命令使鼠标复位,再发送命令使其操作模式为滚轮模式,最后发送 0xF4 使能鼠标,允许其发送数据。打开外部中断检测鼠标是否发送数据,如果没发送数据,继续检测;如果发送了数据,读取数据并进行数据处理,然后查找编码表,发射相应的红外编码信号,发完后继续进行鼠标检测。

4.2 PS/2 光电鼠标接口程序

单片机对 PS/2 光电鼠标的控制是本系统中最重要的一部分。标准的 PS/2 鼠标支持下面的输入:X(左右)位移、Y(上下)位移、左键、中键和右键。鼠标以一个固定的频率读取这些输入并更新不同的计数器,然后标记出数据所反映的移动和按键状态。标准的 PS/2 鼠标发送位移和按键信息给主机采用如表 3-1 所示的 3 字节数据包格式。

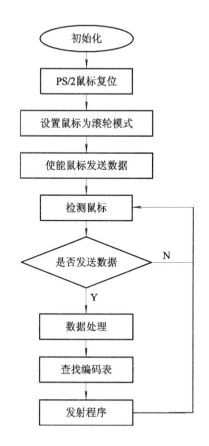

图 3-4 主程序流程图

表 3-1 标准 PS/2 数据包格式

	位 7	位 6	位 5	位 4	位 3	位 2	位 1	位 0
字节 1	Y 溢出	X 溢出	Y 符号位	X 符号位	持续 1	中间状态	右键状态	左键状态
字节 2	X 移动							
字节 3	Y 移动							

位移计数器是一个 9 位 2 的补码整数,其最高位作为符号位出现在位移数据包的第一个字节里。这些计数器在鼠标读取输入数据发现有位移时被更新。这些值是自从最后一次发送位移数据包给主机后位移的累计量(即最后一次包发给主机后位移计数器被复位)。位移计数器可表示的值的范围是 -255~+255。如果超出此范围,相应的溢出位就被设置,并且在复位前,计数器不会增减。

PS/2 鼠标有以下四种工作模式。

(1)复位(Reset)模式:上电或收到复位指令 FFH 后鼠标即处于此模式。鼠标进行自检和初始化,再向系统发送状态,AAH、00H 响应。一些参数将恢复到默认值:采样率=100 次、非自动速度、流模式、分辨率=4 计数/mm、禁止状态。

(2)流(Stream)模式:如果有按键或滚轮动作,即向系统发送信息。最大发送速率就是可编程的采样率。

（3）遥控（Remote）模式：仅在收到读指令时才报告信息。

（4）卷绕（Wrap）模式：鼠标收到什么就返回什么，除非收到退出卷绕指令 ECH 或复位指令 FFH。

正常工作时一般使用流模式，即鼠标有动作自动报告。也可以采用遥控模式，定时向鼠标读取数据。卷绕模式仅用于测试。

单片机首先要对 PS/2 鼠标进行复位操作，即发送命令 0XFF，再发送命令 0XF4 使能 PS/2 鼠标，允许其发送数据。流模式是操作的缺省模式，即鼠标自动进入流模式。标准的 PS/2 鼠标是不支持滚轮的，所以不能满足设计要求。

必须进行扩展，进入滚轮模式。要进入滚轮模式，单片机应发送下面三条命令：

（1）设置采样率为 200。

（2）设置采样率为 100。

（3）设置采样率为 80。

进入滚轮模式后，PS/2 鼠标向单片机发送的数据格式是四个字节，如表 3-2 所示。

表 3-2　滚轮模式 PS/2 数据包格式

	位 7	位 6	位 5	位 4	位 3	位 2	位 1	位 0
字节 1	Y 溢出	X 溢出	Y 符号位	X 符号位	持续 1	中间状态	右键状态	左键状态
字节 2	X 移动							
字节 3	Y 移动							
字节 4	Z 移动							

1. PS/2 鼠标协议

PS/2 鼠标履行一种双向同步串行协议。换句话说，每次数据线上发送一位数据并且每在时钟线上发一个脉冲就被读入。鼠标可以发送数据到主机，主机也可以发送数据到设备，但主机总是在总线上有优先权，它可以在任何时候抑制来自于鼠标的通信，只要把时钟拉低即可。

1）PS/2 鼠标到主机的通信过程

数据和时钟线都是集电极开路结构，正常保持高电平。当鼠标等待发送数据时，它首先检查时钟以确认它是否为高电平。如果不是，那么是主机抑制了通信，设备必须缓冲任何要发送的数据直到重新获得总线的控制权（鼠标的缓冲区仅存储最后一个要发送的数据包）。如果时钟线是高电平，设备就可以开始传送数据。鼠标使用一种每帧包含 11 位的串行协议，每位在时钟的下降沿被主机读入，当时钟为高电平，数据线改变状态，在时钟信号的下降沿数据被锁存。

时钟频率为 $10 \sim 16.7$ kHz，从时钟脉冲的上升沿到一个数据转变的时间至少要有 $5~\mu s$。数据变化到时钟脉冲的下降沿的时间至少要有 $5~\mu s$ 并且不大于 $25~\mu s$。这个定时非常重要，应该严格遵循。主机可以在第 11 个时钟脉冲（停止位）之前把线拉低，导致设备放弃发送当前字节。在停止位发送后，设备在发送下包前至少应该等待 50 ms，这将留给主机处理数据的时间。当它处理接收到的字节时抑制发送（主机在收到每个包时，通常自动做此操作）。在主机释放抑制后，设备至少应该在发送任何数据前等待 50 ms。

鼠标发送一个单一字节到主机应该按下面的操作顺序：

（1）等待 Clock = high。

（2）延时 50 μs。

（3）判断 Clock 的状态是否为 high，如果否，则回到第（1）步。

（4）判断 Data 的状态是否为 high，如果否，则放弃（并且从主机读取字节）。

（5）延迟 20 ms。

（6）输出起始位（0）。

（7）输出 8 个数据位。

（8）输出校验位。

（9）输出停止位 1。

（10）延迟 30 ms。

2）主机到 PS/2 鼠标的通信过程

首先 PS/2 设备总是产生时钟信号，如果主机要发送数据，它必须首先把时钟和数据线设置为"请求发送状态"，如下：

（1）通过下拉时钟线至少 100 μs 来抑制通信。

（2）通过下拉数据线来应用"请求发送"，然后释放时钟。

PS/2 鼠标应该在不超过 10 ms 的间隔内就要检查这个状态。当 PS/2 鼠标检测到这个状态，它将开始产生时钟信号，并且在时钟脉冲标记下输入八个数据位和一个停止位。主机仅当时钟线为低的时候改变数据线，而数据在时钟脉冲的上升沿被锁存。这和发生在 PS/2 鼠标到主机通信的过程中正好相反。

在停止位发送后，设备要应答接收到的字节，就把数据线拉低并产生最后一个时钟脉冲。如果主机在第 11 个时钟脉冲后不释放数据线，设备将继续产生时钟脉冲直到数据线被释放，然后设备将产生一个错误。主机可以在第 11 个时钟脉冲（应答位）前中止一次传送，只要下拉时钟线至少 100 μs。

主机必须按下面的步骤发送数据到 PS/2 设备：

（1）把时钟线拉低至少 100 μs。

（2）把数据线拉低。

（3）释放时钟线。

（4）等待设备把时钟线拉低。

（5）设置/复位数据线发送第一个数据位。

（6）等待设备把时钟拉高。

（7）等待设备把时钟拉低。

（8）重复（5）～（7）步，发送剩下的 7 个数据位和校验位。

（9）释放数据线。

（10）等待设备把数据线拉低。

（11）等待设备把时钟线拉低。

（12）等待设备释放数据线和时钟线。

有两个重要的定时条件：① 在主机最初把数据线拉低后，设备开始产生时钟脉冲的时间，必须不大于 15 ms；② 数据包被发送的时间必须不大于 2 ms。如果这两个条件不满足，主机将产生一个错误。在包收到后，主机为了处理数据立刻把时钟线拉低来抑制通信。如果主机发送的命令要求有一个回应，这个回应必须在数据释放时钟线后 20 ms 之内被收到。如果没有收到，则主机产生一个错误。在从设备到主机通信的情况中，时钟改变后的 5 μs 内不应该发生数据改变的情况。

2．PS/2 写程序

图 3-5 是 PS/2 写程序流程图，首先拉抵时钟线 100 ms，主机抑制通信，通过下拉数据线来请求发送；然后释放时钟线，开始按时序发送 8 位数据和校验位。该流程序图是严格按照 PS/2 鼠标的数据手册的操作顺序来设计的。

3．PS/2 读程序

根据 PS/2 鼠标协议的介绍可以知道鼠标到主机的通信特点，可以用外部中断接时钟线并且低电平触发。鼠标发送一个帧数据，共有 11 位，所以定义一个 16 位整型变量 Val 来存储数据。注意帧的格式，有效字节是从低位先发送的，接每收一位存在 Val 的第 11 位，然后左移一位，这样接收完 11 位后，有效字节就可以按顺序存储于 Val 中。接收 11 位后要进行奇偶校验，如果不正确则舍弃。PS/2 鼠标在滚轮模式下一次发送四个字节，图 3-6 是 PS/2 读程序流程图。

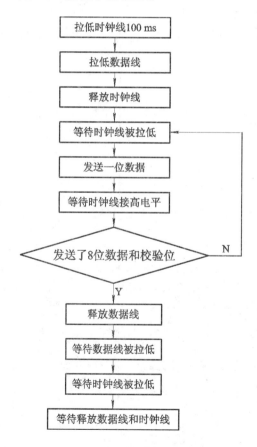

图 3-5　PS/2 写程序流程图

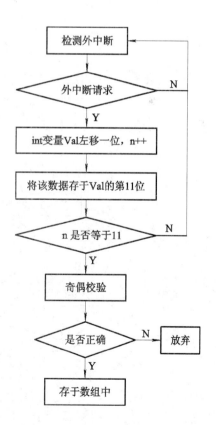

图 3-6　PS/2 读程序流程图

4. 发射程序

1）红外编码的存储

本设计要遥控的机顶盒的红外编码方式采用的是 NEC 编码标准。此标准下的发射端所发射的一帧码含有一个引导码、8 位用户码、8 位用户反码、8 位键数据码、8 位键数据反码。引导码由一个 9 ms 的高电平和 4.5 ms 的低电平组成。编码格式采用 PWM 方式，存储可以以 0.56 ms 为一个单位，发射 0.56 ms 为 1，不发射 0.56 ms 为 0。引导码以 16 个 1(9 ms)和 8 个 0(4.5 ms)来存储。

2）软件调制程序

接收完 PS/2 鼠标的四个字节数据后，有一标志位置 1，当检测到标志位为 1 时说明接收完四字节数据，接着对四字节数据进行处理，判断该发送哪个键的红外编码。定时器 0 的定时时间是 0.56 ms，这是根据存储方式来确定的。当定时器 0 计数溢出时，进入中断服务程序，此时读取要发送的红外编码，如果是"0"，则打开定时器 1，产生 38 kHz 的载波；如果是"1"，则关闭定时器 1。这时根据红外接收头的特点来进行软件调制。当红外接收头接收到 38 kHz 的载波时，输出低电平"0"；没有接收到时，输出高电平"1"。这样就可以不需要用与门器件对编码信号进行调制了。这个过程的程序流程图如图 3-7 所示。

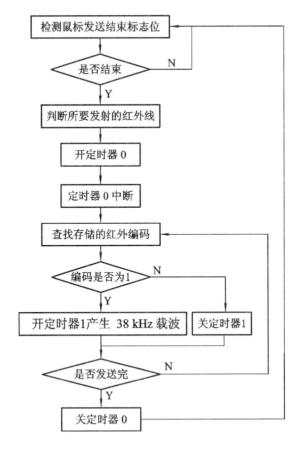

图 3-7　软件调制程序

5 制作与调试

5.1 红外编码的采集

首先需要采集机顶盒遥控器的红外编码,用存储式示波器进行存储,再读取编码数据。示波器探头的负端接红外接收头的地线,正端接红外接收头的数据输出端。注意,如果电压灵敏度和时间灵敏度没有调节到适当位置,示波器就无法保存波形。因此需要首先调节示波器的电压扫描旋钮和时间扫描旋钮,将电压灵敏度调到 2V/DIV 挡,将时间灵敏度调到 10 ms/DIV 挡。对着红外接收头按下机顶盒遥控器的键,示波器将显示相应波形。此时,可以按下示波器的"stop"按钮来保存波形。观察示波器存储的波形,可以将机顶盒遥控器各个键的红外编码记录下来。

图 3-8 是机顶盒遥控器的"菜单"键的波形,可以记录为{0x00,0x01,0xfe,0xab,0xba,0xae,0xae,0xbb,0xba,0xee,0xab,0xae,0xae,0xee,0xbb}。

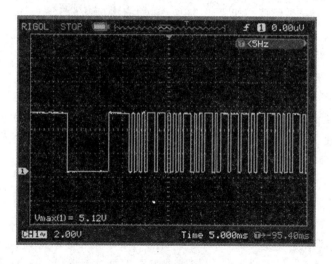

图 3-8 遥控器"菜单"键的红外编码

5.2 硬件电路的布线与焊接

本设计的硬件电路比较简单,元器件比较少,但是在画 PCB 布线时还需注意以下几点:

(1)注意 PCB 的尺寸,因为这个电路板要安装在鼠标内部,因此需要对鼠标的尺寸空间进行测量后再进行元器件布局。

(2)元件布局尽量紧凑,电阻和电容采用贴片封装。

(3)PS/2 的时钟线和红外编码信号线需用地线隔离,减少干扰。

(4)最后进行覆铜,注意去掉死铜。

在进行电路焊接时应参照电路原理图。焊接时应注意以下几点:

(1)先焊接各芯片的电源线和地线,这样确保各芯片有正确的工作电压。

(2)同类的芯片应按顺序焊接,在焊接好一片并检查之后,其他的同类芯片便可以参照第一片进行焊接。这样便可大大节省时间，也可降低出错率。

（3）焊接的焊锡不易太多，焊接时间不宜过长，防止烧坏器件。

（4）焊接完成后，要用万用表进行全面检查，看是否有短路、缺焊和虚焊的地方。

（5）将电路板安装于鼠标时注意不要让电路板与鼠标内部电路短路，应该用绝缘纸隔离。

5.3 调试

本设计硬件电路比较简单，调试主要针对软件进行。在对硬件电路进行检查、确保正确后，就可以开始软件调试。软件调试分为三部分：PS/2 鼠标程序、红外发射程序、联合调试。

（1）PS/2 鼠标程序的调试主要是调试 PS/2 协议。在进行调试前，先测试 PS/2 鼠标是否正常工作。检测方法：当鼠标有操作时，用示波器探头去测试 PS/2 口的时钟线和数据线是否有变化，有变化说明工作正常。根据数据手册写好 PS/2 接收程序，在调试时用液晶显示接收到的数据。未对鼠标设置前，其处于标准模式，因此有三个字节。首先点鼠标，看液晶显示的第一个字节是否正确；如果不正确，再检查中断接收程序，直到正确为止。调试好标准模式再调试 PS/2 写程序，将 PS/2 鼠标设置成滚轮模式，此时接收程序要改成接收四个字节。滚动滚轮同时看第四个字节是否正确，如果不正确，说明 PS/2 写程序有问题，要对照数据手册检查 PS/2 写程序。

（2）红外发射程序部分的调试首先应先调试一个键的红外编码。用红外接收头接收发射的红外信号，用示波器观察其是否与原遥控器发射的红外信号波形一样。如果一样，再用它去遥控机顶盒，看其与原遥控器相应键的效果是否一样。调好后再看距离是否满足要求，微调 38 kHz 载波定时器的初始值，将遥控的灵敏度调到最佳状态，按照这种方法依次调试所有红外编码。

联合调试是程序调试中最复杂的部分。将鼠标的状态与发射的红外编码对应起来。先调试鼠标的三个按键发射的红外编码遥控机顶盒的效果。接着调试鼠标四个方向移动遥控的效果，这是最难调的。这里要取一移动距离的门限值，当移动距离大于这个门限值时，发射该方向的红外编码。该值太大，遥控时会显得迟钝，太小遥控会太灵敏，所以要反复调试直到找到适当的门限值。

在软件调试的时间也遇到不少问题：

（1）在设置 PS/2 鼠标的工作模式时，对鼠标进行写操作，会有应答信号，如果将其当作有用信号来接收的话，会产生错误。所以对鼠标进行写操作后要延时一段时间再打开外部中断接收信号，这样就可以屏蔽应答信号。

（2）在 AT89C2051 单片机上用 12 MHz 晶振产生 38 kHz 载波，意味着每 13 μs 左右就得把输出取反，这比较有难度，误差也会不小。开始时将定时器工作在方式 1，中断函数还得进行赋初值、取反、开关中断等操作，结果发现产生的载波偏差相当大，后来改用方式 2 自动重装载初值，中断函数中只进行一条取反操作，出来的载波比较准确。

（3）程序中定时 0.56 ms，如果用理论值计算定时器初始值，产生的红外编码与原遥控器的红外编码有较大误差，需要调整初始值才能减小误差，达到遥控的要求。

（4）在向鼠标写操作时应将接收信号的外部中断关闭，否则应答信号触发外中断，会影响写操作时序，导致错误。

5.4 实测

图 3-9 是鼠标右键（菜单键）发射的红外编码信号，是用红外接收头 HS0038 接收，用示波器存储显示的波形。

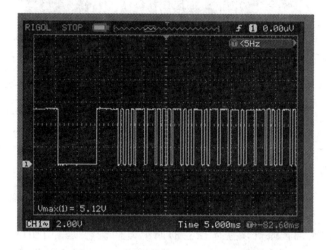

图 3-9 接收的信号经解调后波形

图 3-9 显示的波形是示波器打开延迟扫描功能后对接收信号采样的波形，是在时间灵敏度为 5 ms/div 下测得的波形。可以与图 3-8 机顶盒遥控器的波形进行比较。平时，接收头输出一直是高电平，只有在接收到红外信号时，接收头输出电平才被拉低，输出一组与实际编码相反的经过解调的脉冲信号。

图 3-10 显示的是 38 kHz 载波，它是由单片机定时器对口线每 13 μs 取反一次得到的，由图可知，载波周期约为 26 μs，比较准确。

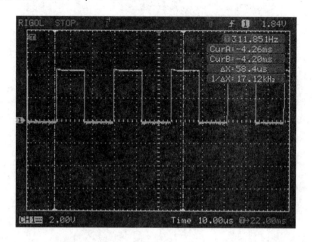

图 3-10 38 kHz 载波波形

图 3-11 是红外编码经软件调制后发射的波形。由图可见，调制后的波形的包络与还原的波形一致，在编码高电平时有载波填充，低电平时无载波，符合 OOK（开关调制）的调制标准。

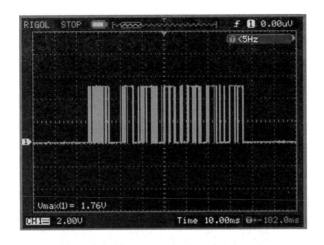

图 3-11　软件调制后发射的波形

6　总　　结

本设计最终能实现普通机顶盒遥控器的四个方向键、菜单切换键、确定键、后退键、开关机键等的功能，遥控距离在5 m以上，3 V电压供电。不足之处是鼠标移动时，遥控有时不够灵敏。经过分析发现，鼠标发射红外编码到发射下一帧红外编码必须有108 ms的延时，否则接收器会产生误判，而如果在这段延时时间内，鼠标有移动将不能被识别出来，所以导致鼠标移动时，会出现不灵敏的现象。经过调整延时时间，这种现象可以降到最低，使用时几乎感觉不到。

四　基于神经网络的手写体数字识别系统设计

作品设计　陈佳伟

摘　　要

　　手写体数字识别属于模式识别，是模式识别中一个比较重要和活跃的分支。它同时也是图像识别的一部分，它所涉及的一些问题在整个图像识别领域具有普遍性，其解决问题的方法也具有一定的通用性。同时，手写体数字识别作为一种信息处理手段，具有广阔的应用场景和巨大的市场需求。所以，对手写体数字识别的研究在理论和实际应用上具有双重意义。

　　神经网络算法是近年来比较热门的算法，在图像识别领域也有较好的应用。较传统的图像识别算法，神经网络算法具有良好的容错能力、自我学习功能和强大的分类能力等。这些特点使它能对手写数字图片进行实时快速的处理，并具有较高的识别准确率。

　　BP 神经网络是神经网络算法中一种经典算法，它具有良好的非线性映射和自适应能力。本文使用 MNIST 数据集来训练和测试 BP 神经网络，通过对样本图片的预处理、二值化、格式转化后，传入训练好的神经网络来进行识别。

　　通过不断测试和优化，该网络对较规范的手写体数字具有较高的识别准确率。

　　关键词：图像识别；手写体数字识别；BP 神经网络；Tensorflow

1　引　　言

　　20 世纪 60 年代，模式识别迅速发展。它是人工智能研究的一个重要方面。它研究的是如何用机器来实现人（及某些动物）对事物的学习、识别和判断，受到了很多科技领域研究人员的关注。

　　模式识别中有一个非常活跃的分支——字符识别，之所以活跃，是因为字符识别本身具有一定的难度与挑战性，同时，它不是一项独立的技术，其中的一些解决方案同时适用于模式识别的其他领域。从 1950 年开始，不少研究者就对这一领域展开了广泛的探索，很好地推动了模式识别的发展。

　　为了解决汉语和英文翻译的需要，20 世纪 60 年代，研究人员开始展开对脱机字符识别的研究。1980 年后研究重心开始转移到脱机手写字符的识别上。对阿拉伯数字、26 个英文字母这些小类别的字符集，已经可以做到不加任何限制进行识别。时至今日，阿拉伯数字始终作为非限制性手写 OCR 研究的主导，有两点原因：一是阿拉伯数字在全世界范围内通用；二是手写的阿拉伯数字在很多场合的难以替代性，比如一些表格、发票、支票等，印刷体还不能代替手写体，而且在这些场合，都需要极高的识别可靠性。因为阿拉伯数字只有 10 个，类别少，所以模式识别中很多方法研究都将数字识别作为基础。在整个脱机手写体字符的研究进程中，人们不断地改进方法，从最简单的通过笔画密度、方向和背景特征来识别到使用特征匹配的方法识别脱机手写字符，再到近些年火热的结合神经网络的方法识别。

综合各类图像识别比赛和应用技术来看，名列前茅的基本使用的都是深度学习或者深度学习结合传统图像处理算法。因此可以看出深度学习在图像处理领域的飞速发展和良好的应用。本作品以神经网络算法作为图像识别的处理算法，来实现手写数字的识别，将手写数字图片进行预处理、格式转化后，传入训练好的网络中进行识别判断。

2 总 体 设 计

本系统主要研究神经网络算法在手写数字识别上的应用，是一个以 Liunx 系统为开发环境，以 Python 作为编程语言，使用 Google 的 tensorflow 作为深度学习框架，使用 BP 神经网络算法实现手写数字识别的软件系统。本系统的主要技术指标：

（1）MNIST 数据集测试样本识别准确率 95％以上。

（2）手动输入手写数字图片识别率 80％及以上。

2.1 总体结构框图

手写数字识别系统的组成框图如图 4-1 所示。系统包含前向传播模块、反向传播模块、测试程序模块和应用程序模块四个部分。

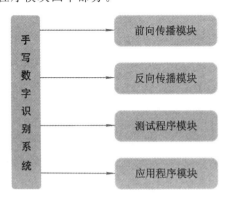

图 4-1 系统总体结构框图

前向传播模块和反向传播模块构成了 BP 神经网络，是整个系统的核心部分，前向传播模块搭建了模型的计算过程，让模型具有推理能力，可以针对一组输入给出相应的输出；反向传播模块实现了网络的训练功能，也就是反向迭代的过程；测试程序模块检测网络的识别率，从而优化网络结构和参数；应用程序模块是整个系统的操作接口，具有将输入图片预处理和识别结果输出的功能。

3　神经网络的搭建

3.1　神经网络概述

神经网络分为生物神经网络和人工神经网络。生物神经网络一般指动物的大脑神经元、细胞、突触等组成的网络，用于产生意识，帮助动物进行思考和行动。人工神经网络（Artificial Neural Networks，ANN）借鉴了生物神经网络的结构，它是一种模仿动物神经网络行为特征进行分布式并行信息处理的算法数学模型。这种神经网络依靠系统的复杂程度，通过调整内部大量节点之间相互连接的关系，从而达到处理信息的目的。

3.2　BP 神经网络

BP 神经网络是按照误差逆向传播算法训练的多层前馈神经网络，其主要特点是：信号是前向传播的，而误差是反向传播的。图 4-2 所示的是只含一个隐含层的神经网络模型。

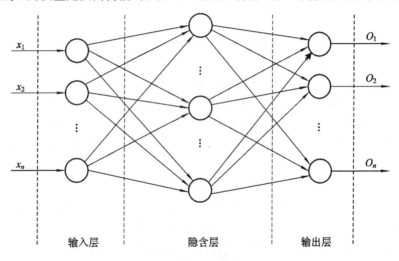

图 4-2　神经网络基本模型

BP 神经网络的传输过程主要分为两个阶段，第一阶段是信号的前向传播，从输入层经过隐含层，最后到达输出层；第二阶段是误差的反向传播，从输出层到隐含层，最后到输入层，依次调节隐含层到输出层的权重和偏置、输入层到隐含层的权重和偏置。

3.3　神经网络前向传播

所谓前向传播，就是搭建模型的计算过程，让模型具有推理能力，可以针对一组输入给出相应的输出。

我们拿一个最基础的网络来剖析前向传播的过程。这个网络一共包含了最基础的三层，并且相邻的两个层之间的所有节点都两两相连，所以又称为全连接神经网络。

全连接神经网络的前向传播过程由三个部分组成：首先是网络的输入，它是从实际问题中获取的特征向量，如图 4-3 所示，有两个输入，分别是物体的体积 x_1 和物体的重量 x_2；其次是网络的连接方式，整个网络是由一个个神经元组成的，在网络中我们把这些神经元称为节点，神经元之间的不同连接方式构成了不同的网络结构。如图 4 - 3 所示，x_1、x_2 两个节点每个节点有三个输出，都分别作为了 a_{11}、a_{12}、a_{13} 三个节点的输入，而它们三个节点的输出都是节点 y 的输入；第三则是每个节点连线上的权重，在图 4 - 3 中用 W 来表示神经元中的参数。W 有上标和下标，分别代表网络的层数和它所联结的节点的编号。如 $W_{1,2}^{(1)}$ 代表联结 x_1 与 a_{12} 两个神经元的连接线上面的权重。给定网络的输入、结构及其边上权重，就可以用前向传播算法来算出神经网络的输出。

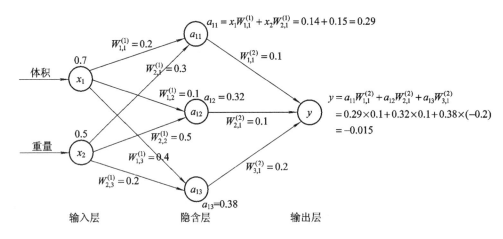

图 4 - 3 神经网络前向传播过程图

如图 4 - 3 所示，输入的特征值：体积 $x_1 = 0.7$，重量 $x_2 = 0.5$。从第一层开始依次计算各节点的数据。由搭建的神经网络可求得，隐藏层神经元 $a_{11} = x_1 \times W_{1,1}^{(1)} + x_2 \times W_{2,1}^{(1)} = 0.14 + 0.15 = 0.29$，同样，可以算出 $a_{12} = 0.32$，$a_{13} = 0.38$。以此类推，可以算出输出层 y 的值为

$$
\begin{aligned}
y &= a_{11} W_{1,1}^{(2)} + a_{12} W_{2,1}^{(2)} + a_{13} W_{3,1}^{(2)} \\
&= 0.29 \times 0.1 + 0.32 \times 0.1 + 0.38 \times (-0.2) \\
&= -0.015
\end{aligned} \tag{4.1}
$$

最终计算出 $y = -0.015$，这就是网络前向传播算法的计算过程。

整个前向传播算法可以归纳成数学公式，把第一层的 x_1、x_2 写作 1×2 的矩阵 $\boldsymbol{x} = [x_1, x_2]$，$\boldsymbol{W}^{(1)}$ 写作 2×3 的矩阵：

$$
\boldsymbol{W}^{(1)} = \begin{bmatrix} W_{1,1}^{(1)} & W_{1,2}^{(1)} & W_{1,3}^{(1)} \\ W_{2,1}^{(1)} & W_{2,2}^{(1)} & W_{2,3}^{(1)} \end{bmatrix} \tag{4.2}
$$

把 $\boldsymbol{x}$ 和 $\boldsymbol{W}^{(1)}$ 相乘，便可以算出第二层的神经元所构成的矩阵向量：

$$
\begin{aligned}
\boldsymbol{a}^{(1)} &= [a_{11} \quad a_{12} \quad a_{13}] = \boldsymbol{x} \boldsymbol{W}^{(1)} = [x_1 \quad x_2] \begin{bmatrix} W_{1,1}^{(1)} & W_{1,2}^{(1)} & W_{1,3}^{(1)} \\ W_{2,1}^{(1)} & W_{2,2}^{(1)} & W_{2,3}^{(1)} \end{bmatrix} \\
&= [W_{1,1}^{(1)} x_1 + W_{2,1}^{(1)} x_2, \ W_{1,2}^{(1)} x_1 + W_{2,2}^{(1)} x_2, \ W_{1,3}^{(1)} x_1 + W_{2,3}^{(1)} x_2]
\end{aligned} \tag{4.3}
$$

类似地，输出层可以表示为

$$
[y] = \boldsymbol{a}^{(1)} \boldsymbol{W}^{(2)} = [a_{11}, a_{12}, a_{13}] \begin{bmatrix} W_{1,1}^{(2)} \\ W_{2,1}^{(2)} \\ W_{3,1}^{(2)} \end{bmatrix} = [W_{1,1}^{(2)} a_{11} + W_{1,2}^{(2)} a_{12} + W_{1,3}^{(2)} a_{13}] \tag{4.4}
$$

在 Tensorflow 中，矩阵乘法可表示为 a = tf. matmul(X，W1)，y = tf. matmul(a，W2)，我们在 sess. run 中写入 tf. global variables_ initializer 实现对所有变量初始化，也就是赋初值。对于计算图中的运算，我们直接把运算节点填入 sess. run 即可，比如要计算输出直接写 sess. run(y)即可。

3.4　神经网络反向传播

如图 4 - 4 所示，反向传播算法实现了一个迭代的过程。在每次迭代的开始，首先需要选取一小部分训练数据，这一小部分数据叫做一个 batch。然后，这个 batch 的样例会通过前向传播算法得到神经网络模型的预测结果。因为训练数据都是有正确结果标注的，所以可以计算出当前神经网络模型的预测结果与正确结果之间的差距。最后，基于预测值和真实值之间的差距，反向传播算法会相应更新神经网络参数的取值，使得在这个 batch 上神经网络模型的预测结果和真实答案更加接近。

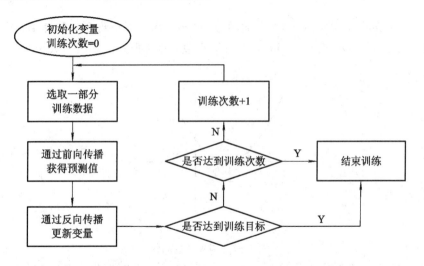

图 4 - 4　反向传播流程图

反向传播的目的是为了优化模型参数，使用梯度下降的方法使模型在训练数据集上的损失函数最小。所谓损失函数(loss)，就是计算得到的预测值 y 与已知值也就是提供的标签 $y\_$ 的差距。损失函数的计算方法有很多，均方误差(MSE)是比较常用的方法之一，即求前向传播运算出的结果与已知答案之差的平方，再求平均。

4　神经网络的优化

4.1　神经元模型

图 4 - 5 是最基础的神经元结构，它的输出是各个输入与其线上权重的乘积之和。在参考生物学神经元后，McCulloch 和 Pitts 提出了图 4 - 6 所示的进阶神经元结构，在原模型的基础上增加了激活函数 f 和偏置项 b，大大增强了神经元模型的非线性表达能力。常用的激活函数有 relu、sigmoid、tanh 等。

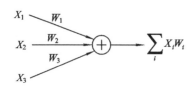

图 4-5　基本神经元模型　　　　　　　　　　图 4-6　进阶神经元模型

4.2　学习率

学习率 learning_rate 是指参数更新的幅度，其更新公式为

$$w_{n+1} = w_n - \text{learning\_rate}\,\nabla \tag{4.5}$$

其中，w_{n+1} 是更新后的参数，w_n 为当前参数，learning_rate 为学习率，∇ 为损失函数的梯度（导数）。

如图 4-7 所示为 $\text{loss}=(w+1)^2$ 的图像.对 loss 求导即可得到它的梯度为 $\nabla=2w+2$。根据图片可以得到，loss 会在 $(-1, 0)$ 处有最小值，此时损失函数的导数为 0，得到最终参数 $w=-1$。

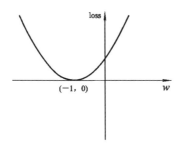

图 4-7　损失函数图像

图 4-8 是参数初始值为 5、learning_rate 为 0.2 的实验结果。

```
After 30 steps: w is -0.999999,   loss is 0.000000.
After 31 steps: w is -1.000000,   loss is 0.000000.
After 32 steps: w is -1.000000,   loss is 0.000000.
After 33 steps: w is -1.000000,   loss is 0.000000.
After 34 steps: w is -1.000000,   loss is 0.000000.
After 35 steps: w is -1.000000,   loss is 0.000000.
After 36 steps: w is -1.000000,   loss is 0.000000.
After 37 steps: w is -1.000000,   loss is 0.000000.
After 38 steps: w is -1.000000,   loss is 0.000000.
After 39 steps: w is -1.000000,   loss is 0.000000.
```

图 4-8　学习率为 0.2 的实验结果

根据图 4-8 显示的结果可得，w 根据 loss 值的减小而无限接近 -1，网络推算出的最优的 w 的值为 -1，跟实际情况一样。

如果 learning_rate 过高，就会造成需要优化的参数不断在最小值左右摆动，不收敛。把学习率重新设置成 1，其他条件不变，实验结果如图 4-9 所示。

```
After 32 steps: w is -7.000000,loss is 36.000000
After 33 steps: w is 5.000000,loss is 36.000000
After 34 steps: w is -7.000000,loss is 36.000000
After 35 steps: w is 5.000000,loss is 36.000000
After 36 steps: w is -7.000000,loss is 36.000000
After 37 steps: w is 5.000000,loss is 36.000000
After 38 steps: w is -7.000000,loss is 36.000000
After 39 steps: w is 5.000000,loss is 36.000000
```

图 4-9　学习率为 1 的实验结果

根据图 4-8 显示结果可得，w 的值没有收敛，而是一直在 5～-7 之间反复波动。

如果 learning_rate 过小，就会造成需要优化的参数收敛很慢。把学习率重新设置成 0.001，其他条件不变，实验结果如图 4-10 所示。

```
After 32 steps: w is 4.616416,loss is 31.544128
After 33 steps: w is 4.605183,loss is 31.418077
After 34 steps: w is 4.593973,loss is 31.292530
After 35 steps: w is 4.582785,loss is 31.167484
After 36 steps: w is 4.571619,loss is 31.042938
After 37 steps: w is 4.560476,loss is 30.918892
After 38 steps: w is 4.549355,loss is 30.795341
After 39 steps: w is 4.538256,loss is 30.672281
```

图 4-10　过低学习率实验结果

根据图 4-10 显示结果可得，随着训练轮数增加，loss 值下降的非常慢，w 的值也是一点点地减小，收敛非常慢。

因此，为了能实现速度又快收敛性又好的网络，提出了指数衰减学习率。它是指学习率可以根据训练轮数的变化而不断地更新优化。学习率计算公式如下：

$$\text{Learning\_rate} = \text{LEARNING\_RATE\_BASE} \times \text{LEARNING\_RATE\_DECAY} \times \frac{\text{global\_step}}{\text{LEARNING\_RATE\_BATCH\_SIZE}} \tag{4.6}$$

其中，LEARNING_RATE_BASE 为学习率的初始值，LEARNING_RATE_DECAY 为学习率衰减率(0，1)，global_step 表示目前训练的轮数。LEARNING_RATE_BATCH_SIZE 是 learning_rate 的更替频率。在 Tensorflow 中，我们用下列函数实现：

```
global_step = tf. Variable (0, trainable = False)
learning_rate = tf. train. exponential. decay(
    LEARNING_RATE_BASE,
    global_step ,
    LEARNING_RATE_STEP,
    LEARNING_RATE_DECAY
    staircase = True / False)
```

若 staircase 设置为 True 时，表示 global_step/learning_rate_step 取整数，学习率阶梯

型衰减；如果把 staircase 设为 False 的话，学习率就是一条平滑的曲线。

在本课题中，我们采用指数衰减学习率。

4.3 滑动平均值

滑动平均值又叫做影子值，是网络参数 w 和 b 各自的具有一定时延性的平均数。它可以提高网络的泛化性。

滑动平均值(影子)计算公式：

$$影子 = 衰减率 \times 影子 + (1 - 衰减率) \times 参数 \tag{4.7}$$

其中，衰减率为

$$\min\left\{\text{MOVING\_AVERAGE\_DECAY}, \frac{1 + 轮数}{10 + 轮数}\right\} \tag{4.8}$$

用 Tensorflow 函数表示为：

ema＝tf. train. ExponentialMovingAverage(MOVING_AVERAGE_DECAY, global_step)

MOVING_AVERAGE_DECAY 是滑动平均衰减率，global step 是目前训练的轮数。

ema_op＝ema. apply(tf. trainable_variables())

ema. apply()的作用是计算括号里数据的滑动平均，tf. trainable_variable()则能将全部需要训练的参数汇总成列表。

with tf. control_dependencies ([train_step, ema_op])：

train_op＝ tf. no_op(name＝'train')

查看模型中参数的平均值，可以用 ema. Average()函数。

4.4 正则化

在 ANN 预测时常常会遇到过拟合的现象，所谓过拟合是指模型在训练的数据集上进行识别时具有较高的识别率，但是更换成新的数据时，网络预测的准确度就比较差，产生这一情况的原因是网络的泛化性较差。这时，我们需要使用正则化来优化网络结构。所谓的正则化，引入了网络复杂度这一指标，就是在 loss 中给所有参数 w 加上一个权重，进而达到减小网络噪声、抑制过拟合的目的。

引入正则化后，loss 的表达式为

$$loss = loss(y 与 y\_) + \text{REGULARIZER} \times loss(w) \tag{4.5}$$

表达式中，前一部分和上文中的 loss 一样，为网络预测的结果和正确结果的差；后面部分则是正则化的计算结果，即正则化权重 REGULARIZER 乘以需要正则化的参数 w 的损失函数。Loss(w)有两种计算方法，一种是对所有参数 w 的绝对值求和，叫做 $L1$ 正则化：

$$loss_{L1}(w) = \sum_i |w_i| \tag{4.9}$$

另一种是对所有参数 w 平方的绝对值求和再开根，叫做 $L2$ 正则化：

$$loss_{L2}(w) = \sqrt{\sum_i |w_i^2|} \tag{4.10}$$

5　手写数字识别的实现与结果分析

　　在本课题中，使用 MNIST 作为 ANN 的训练集、验证集和测试集。模块化地编写手写数字识别的神经网络算法，分别为用来构建网络结构的前向传播模块（mnist_forward.py），用来优化网络参数的反向传播模块（mnist_backward.py），用来测试网络识别率的测试模块（mnist_test.py），以及读取手写数字图片及其预处理的应用模块（mnist_app.py）。

5.1　前向传播模块

　　编写前向传播模块的代码，在网络结构上定义了网络输入层节点个数，隐藏层节点个数以及输出层节点个数。同时，新建了网络参数 w 和偏置 b，搭建从输入到输出的神经网络结构。

　　在前向传播过程中，首先定义了前向传播过程中的相关参数，INOUT_NODE＝784 表示神经网络输入层由 784 个结点构成（784 也就是每张图片所包含的像素数量，每张图片为 28×28 个像素点，每个像素点是 0～1 之间的浮点数），隐藏层节点 LAYER1_NODE 为 500 个，网络输出层的节点 OUTPUT_NODE 一共是 10 个（代表阿拉伯数字的 0～9 的概率）。根据前向传播的矩阵运算公式可以得到连接输入层和隐藏层之间的参数 $W^{(1)}$ 是形为 [784，500] 的矩阵，连接隐藏层和输出层之间的参数 $W^{(2)}$ 是形为 [500，10] 的矩阵，网络各参数的初始值为随机的满足截断正态分布的数据，并且通过正则化的方法，把各个参数的正则化损失添加到总损失上去。第一层偏置，也就是隐藏层神经元的偏置 $b1$ 是由 500 个数据组成的一个长度为 500 的一维数组，第二次偏置，也就是输出层偏置 $b2$ 是由 10 个数据组成的一个长度为 10 的一维数组，将他们全部赋初值为 0。按照前向传播算法，我们可以得到隐藏层的输出 $y1$，它是由网络的输入层的输入和第一层参数 $w1$ 进行矩阵乘法后得到的结果加上隐藏层的偏置项参数 $b1$，然后把得到的结果传入激活函数 relu 函数中，最终得到的值。同理，网络的最终输出，即输出层的结果 y，它是由网络的隐藏层的输出 $y1$ 和第二层参数 $w2$ 进行矩阵乘法后得到的结果加上输出层的偏置项参数 $b2$，和前面不同的是，因为要将输出进行 n 分类，要把 y 输入到 softmax 函数处理，所以输出层结果 y 不能传入 relu 函数。

5.2　反向传播模块

　　反向传播模块使用 MNIST 的图片让网络不断地学习，不断地降低 loss 值，继而不断地优化网络参数，最终得到一个具有高度精确的泛化能力的神经网络模型。

　　首先，导入程序需要用到的相关模块，随后定义反向传播算法需要用到的一系列参数或结构，比如每次给网络的图片的数量、学习率的初始值、自适应学习率中的衰减率、正则化的系数、网络训练的总轮数、网络中所有参与训练的参数和相关数据的存储路径以及相关命名等。在函数 backword 中，第一步导入 MNIST，用 placeholder 给 x 和 $y\_$ 占位。调用 mnist_forward 模块里的 forword()函数，并且加入正则化，开始运行，算出其预测结果 y，每计算一轮，就给记录训练次数的计数器 global_step 赋值，并把它的类型设置成不可训练；然后，调用含有全部参数正则化损失的 loss，并且把 learning_rate 设置成指数衰减型；随后，通过 GD 算法优化网络参数，减小 loss 值，并且添加参数的滑动平均；最后，把所有需要训练的参数在 with 中进行初始化赋值，每次给网络输入 batch_size 组数据及其对应的标签进行学习，反复训练共 steps 轮，然后每训练完 200 轮打印 loss 值的变化，并且把当下的结果保存到已经定义好的路径中。程序的入口在主函数 main()中。

为避免由于断点或者其他情况导致程序无效执行而需要重新训练的问题，在反向传播的 with 结构中加入了加载 ckpt 的操作实现断点续训。如果 ckpt 存在，则用 saver.restore 恢复到当前会话。

5.3 测试模块

训练模型后，将测试集输入神经网络模型，以验证网络的准确性和概括性。这里使用的测试集和训练集彼此独立。

首先需要引入 time 模块、tensorfow、Input_data、前向传播 mnist forward、反向传播 mnist_backward 模块和 os 模块，并规定 5 s 的程序循环间隔时间。随后，在测试函数 test()中读取 MNIST 数据集，使用 tf.Graph()来重新实现之前定义好的计算图，使用 placeholder 给训练数据 x 以及标签 y_占位，使用 mnist_forward 模块里的 forword()函数计算训练数据集上的预测结果 y。接下来，实例化具有移动平均值的 saver 对象，以便在加载会话时为模型中的所有参数分配各自的滑动平均值，增强模型的稳定性，然后测试数据集上的模型的准确性。在 with 结构中，在指定路径下加载 ckpt。如果模型存在，则将模型加载到当前对话框，验证测试数据集的准确性，并打印当前轮数下的精度；如果模型不存在，则打印模型不存在的提示，以便完成 test()函数。主数据函数 main()用于加载指定路径下的测试数据集，并调用指定的测试函数来验证模型在测试集上的准确性。

通过执行上述三个模块，便可完成手写数字识别和 MNIST 数据集测试识别的神经网络训练。

经过 50000 轮的训练，训练集识别率已经达到了 97.97％，loss 值也在 0.13 左右波动，说明在该训练集和测试集上，网络已经达到了极限。

5.4 应用程序模块

应用程序模块的功能是实现输入真实图片，输出预测结果，即手写数字的识别。在训练好的网络结构中，输入是一个 784 像素的一维数组，每个像素是 0～1 之间的浮点数（越小越黑，越大越白），网络输出也是一个一维数组（一共 10 个元素，分别是判断为每个数字的概率），网络预测的结果是 10 个数中最大的那个数的数组下标。

整个应用程序主要分为两个函数完成：

（1）testPicArr ＝ pre_pic(testPic)对手写数字图片做预处理。

（2）preValue ＝ restore_model(testPicArr)判断输出的图片是否符合网络输入要求，若符合，则把它喂给训练好的网络，输出结果。

代码处理过程如下：

（1）由于网络的需求是黑底白字的图片，但是我们输入的图却是相反的，因此必须把每个像素点的值进行反转，也就是用 255 减去原像素点的灰度值。

（2）由于输入的图片为三通道转化而来，会有一定的噪声，所以需要通过一定的阈值把图片进行二值化处理，降低噪声的影响。

（3）由于网络需要的是一个长度为 784 的一维数组，所以，我们需要把图片转化成相应结构的数组。同时，在网络输入要求中，每个像素点的值为 0~1 之间的浮点数，因此，我们需要把数组中的数字变成符合要求的浮点数。

（4）运行完成后返回到 main() 函数。

（5）通过网络计算出网络的最终结果 y，y 中最大的那个数所对应的数组下标就是预测结果。

5.5　结果与分析

运行 mnist_app.py，将如图 4-11 所示手写数字"5"的图片输入到该系统，得到如图 4-12 所示的输出结果。

图 4-11　输入的真实图片"5"

```
jiawei@jiawei-virtual-machine:~/project_handwNum$ python mnist_app.py
input the number of test pictures:10
the path of test picture:pic/5-2.png
The prediction number is: [5]
the path of test picture:
```

图 4-12　应用程序输出图

使用了 10 位同学手写的共 50 组 0~9 的数字来进行识别率测试，测试结果见表 4-1。

表 4-1　手写数字识别准确率实验统计表

	手写数字 0	手写数字 1	手写数字 2	手写数字 3	手写数字 4	手写数字 5	手写数字 6	手写数字 7	手写数字 8	手写数字 9
识别为 0	47	0	0	0	0	0	2	0	0	1
识别为 1	0	47	0	0	0	0	0	3	0	0
识别为 2	0	0	48	0	0	0	0	2	0	0
识别为 3	0	1	0	50	0	0	0	0	0	0
识别为 4	0	0	0	0	47	0	0	0	0	0
识别为 5	0	0	0	0	0	50	0	0	1	0
识别为 6	2	0	0	0	0	0	48	0	1	0

	手写数字 0	手写数字 1	手写数字 2	手写数字 3	手写数字 4	手写数字 5	手写数字 6	手写数字 7	手写数字 8	手写数字 9
识别为 7	0	2	2	0	1	0	0	44	0	2
识别为 8	0	0	0	0	0	0	0	0	48	0
识别为 9	1	0	0	0	2	0	0	1	0	47
正确数	47	47	48	50	47	50	48	44	48	47
正确率	94%	94%	96%	100%	94%	100%	96%	88%	96%	94%
总识别率	95.2%									

由表 4-1 可见，数字"3"和数字"5"的识别效果最好，达到了 100%，其次是数字"2""6"和"8"，识别精度达到了 96%，数字"7"的识别效果相对较差，识别精度在 90% 以下。所有数字的平均识别率为 95.2%。

6　结　　论

随着社会发展节奏的加快，只靠传统的图像识别算法已经不能满足需求，深度学习和传统算法相结合才能更好地满足当下图像识别的需求。本系统以神经网络算法为例实现了手写数字的识别，实现了机器学习在图像识别领域的应用。通过 Tensorflow 框架搭建了 BP 神经网络，通过现有的数据集对网络进行学习和训练，完成了手写体数字的识别。实验结果表明，神经网络算法在手写体数字识别上具有很好的应用。系统模块化搭建了神经网络的前向传播、反向传播、测试以及应用程序模块，实现了网络的基本功能。

在基本网络结构的基础上，本设计通过调整优化神经元模型、损失函数、使用自适应学习率、滑动平均以及正则化的方法优化了网络结构，提高了网络对手写数字识别的识别率，同时增加了网络的断点续训功能，提高了网络的训练效率。

通过测试和实验，模型在 MNIST 数据集上的识别率达到 97.97%，对输入真实图片的识别率为 95.2%。

五　基于深度学习的多目标检测系统设计

作品设计　蒋利伟

摘　　要

目标检测在计算机视觉领域中有着极其重要的研究价值。在互联网的快速发展进程中，产生了大量的视频与图像，计算机视觉技术由此突飞猛进。计算机视觉技术已经被广泛应用于各个领域，比如在视频监控领域，自动驾驶领域，甚至还被应用于遥感图像分析。计算机视觉技术的使用大大减少了对人力资源的消耗。2006 年深度学习被正式提出，而这也标志着深度学习纪元的到来。卷积神经网络是深度学习的一种方法，有着极其优秀的性能和巨大的潜力，在图像识别领域已经取得了重大成果。基于卷积神经网络的目标检测已经成为了图像识别领域的重点研究方向。本作品重点实现了基于一种卷积神经网络模型——YOLO 算法(You Only Look Once)的目标检测。与其他网络模型相比，该模型结构更简单，检测速度更快。

关键词：深度学习；卷积神经网络；YOLO；目标检测

1　引　　言

如何从图像中获取计算机能够理解的信息，一直是计算机视觉的重点问题。如今，深度学习因为其十分强大的表示能力，并且加上数据量的累计与计算机算力的极大提升，已然成为了机器视觉领域最为热门的研究方向。

理解一张图片主要分为三个层次，包括分类、检测以及分割。分类，即将图片识别为某一类的信息，事先用已经确定好的类别来描述图片，这一类的识别任务是最为基础和最为容易的图像理解任务，同时也是最先利用深度学习算法取得突破性进展以及成功实现大规模应用的任务；检测，即在一张图片中关注特定的目标物体，相较于分类，检测会给出对一张图片中前景与背景的理解，这需要从背景中分离出特定的目标，并且要确定该目标的类别与位置，常用矩形检测框来标注目标；分割则是对图像进行像素级的描述，它会给予每个像素以意义，适用于需要对理解要求较高的场景。

本选题研究的是图像理解的中层次——目标检测。研究意义在于使用卷积神经网络这一比较前沿的方法来研究物体识别。卷积神经网络(Convolution Neutral Network, CNN)

是一种包含卷积运算并且具有深度结构的多层前馈神经网络，能够自动从带标签的数据中提取出复杂的特征。它的结构包括卷积层、池化层等。通过局部连接，权值共享，以及子采样极大地减少了网络的权值参数数量，减低了网络的计算量。卷积神经网络的优点在于其对图像的预处理极少，可直接将图片作为输入传入网络，相较于传统的识别算法，它避免了十分复杂的特征提取过程。除此以外，卷积神经网络对于图像的平移、旋转以及畸变有着很好的处理效果，能够识别处在不同空间位置的相近特征。因此，卷积神经网络在机器视觉等领域应用的越来越广泛。

2012 年，基于卷积神经网络的 AlexNet 网络拿到了 ImageNet 竞赛的冠军，这是深度学习模型首次被运用于卷积神经网络。自此以后，更多的卷积神经网络模型被提出。相较于传统的机器学习的分类算法，它的表现相当优异。2014 年的 ImageNet 竞赛冠军模型 GoogLeLeNet 使用了更深层次的卷积神经网络结构，也取得了优秀的成果。2016 年，谷歌研发的基于卷积神经网络以及搜索树的机器人"AlphaGo"在围棋比赛中击败了韩国围棋九段高手——李世石，它的表现震惊了世界。

随着训练数据和计算机性能的提升，卷积神经网络的目标检测突破了传统目标检测算法的限制，已经成为了目前的主流算法。综上分析，卷积神经网络的研究对深度学习的发展以及解决机器视觉等领域的问题有着重要的研究意义。

2 总 体 设 计

2.1 目标检测研究概述

该目标检测研究的实现原理是采用基于卷积神经网络的 YOLO 网络模型。该设计分为算法研究、算法实现以及最后的结果分析几部分。

YOLO(You Only Look Once)是一种端到端卷积神经网络，将目标检测问题处理成回归问题，采用单个卷积神经网络就可从图像中识别出目标的类别以及边框。YOLO 主要的优点就是运行速度非常快，泛化能力强，准确率高。

2.2 本作品设计方案思路

本设计以实现对目标物体的识别与标注为主要目的，以训练数据的预处理、网络模型的搭建、实验结果的分析、软件界面的设计为主要设计内容，使用的数据集为 VOC2012，选用的深度学习平台为谷歌研发的 tensorflow，操作系统为 linux 这一开源的操作系统，编程语言选取的是 Python。

为了提高训练模型的效率，先将 VOC2012 数据集中的图片的类别与位置信息提取出来做成训练标签，并与图片一起转化为二进制文件，保存为 tensorflow 的独特文件格式的 tfrecords 文件，该文件可以在加载时直接读入内存，加快了网络训练时的数据提取速度。网络模型的搭建是该研究的重要步骤。使用 tensorflow 的轻量级神经网络库 Slim 来构建，该库包含了卷积神经网络的基本结构的实现函数。

在训练过程中根据事先标注的信息对比网络的输出结果，计算损失函数。之后使用梯度下降的优化算法优化网络模型的各个参数权重。进行多次迭代计算之后，使损失到了最小值。训练结束后得到 YOLO 网络模型权重文件。识别阶段时，加载训练之后的网络参数权重文件来进行图片识别。显示结果会标注出图片中目标物体的类别以及其边界框。最终的程序界面使用了 Python 内置图形界面库中的 tkinter 模块来编写，其中涉及的图片的读取以及格式转换操作均由 opencv 的库函数来完成。

2.3 研发方向和技术关键

（1）对于数据集的处理。
（2）研究 YOLO 算法的实现原理。
（3）YOLO 网络模型的构建。
（4）程序界面设计。

2.4 主要技术指标

（1）目标物体的类别准确率大于 70%。
（2）框选出目标物体的大致形状。

3 YOLO 网络模型及其基本理论

3.1 YOLO 网络设计

YOLO 网络基于卷积神经网络，使用卷积层来提取特征，最后采用全连接层来进行预测。YOLO 网络的结构比较简单，包含 24 个卷积层，4 个池化层，最后加上 3 个全连接层。其结构如图 5-1 所示。

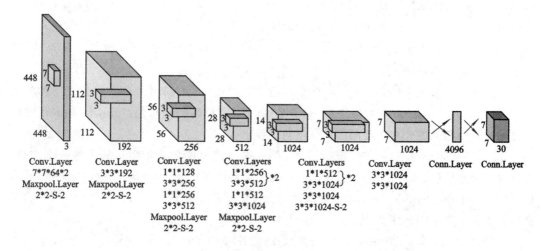

图 5-1 YOLO 网络结构图

YOLO 网络中采用了 3×3 的卷积核来进行特征提取，但是特殊之处在于它还采用了 1×1 的卷积核来进行特征降维，它不会减小每个特征图的高度与宽度，但是减少了特征图的数量，将多个特征图进行了压缩。其实 1×1 的卷积也可以看作是一种全连接。卷积层与全连接层的激活函数采用 Leaky ReLU 激活函数，这是 ReLU 激活函数的一个变种。其表达式如式 5.1 所示：

$$f(y) = \max(0.01y, y) \tag{5.1}$$

Leaky ReLU 激活函数在输入为负数时，没有直接输出为零，所以不会导致信息的丢失，进而解决了 ReLU 激活函数的神经元坏死的问题。在 YOLO 网络的最后一层采用了线性激活函数，即直接输出值。从图 5-1 可以看到，YOLO 网络最后输出一个 $7 \times 7 \times 30$ 的张量。这个张量代表的意义如图 5-2 所示。

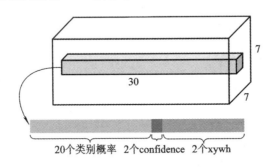

图 5-2　YOLO 网络输出张量

对于每一个单元，由类别概率部分、边界框置信度以及边界框的坐标预测结果构成。前 20 个元素为 20 个不同物体的类别概率，因为采用的训练集有 20 个类别，之后两个元素是两个边界框（Bounding Box）的置信度（Confidence Score），最后 8 个元素则是前面两个边界框的坐标值。因为 YOLO 网络将输入的图片划分为 7×7 个网格（gridcell），每一个网格会预测两个边界框，并且预测每个边界框的置信度以及边界框的相对坐标。

边界框的置信度主要分为两个方面，一方面是该边界框是否含有检测目标，被记为 $\Pr(object)$，当边界框中存在目标时 $\Pr(object) = 1$，否则，当边界框中没有目标时，$\Pr(object) = 0$；另一方面则是网络预测出的边界框与实际框（Ground Truth）的交并比（Intersection Over Union，IOU），记为 $\mathrm{IOU}_{pred}^{truth}$。边界框的整体置信度为两个值的乘积，因此被定义为 $\Pr(object) * \mathrm{IOU}_{pred}^{truth}$。

边界框的位置是由 (x, y, w, h) 四个数值来表示的。具体来说，(x, y) 代表了预测边界框（Bounding box）的中心与每个格子（grid cell）边界长度的相对值，(w, h) 代表了预测边界框的宽度与高度相对于整副图像宽度与高度的比值。

以上数据都是表示目标边界框的信息，但是并不能判断包含的目标属于哪一个类别，所以每一个网格（Grid Cell）还会预测 20 个条件类别概率（Conditional Class Probability），被记为 $\Pr(class|object)$。它代表的意义为，当这个网格中含有一个目标物体时，这个目标物体属于某一类别的概率。

在测试阶段，每一个网格会将条件类别概率 $\Pr(class|object)$ 与边界框的置信度 $\Pr(object) \times \mathrm{IOU}_{pred}^{truth}$ 相乘，就可以得到每一个边界框属于某一类物体的置信度。也就是说，在最后会输出一个 $20 \times (7 \times 7 \times 2)$，即 20×98 的置信度矩阵。

3.2　YOLO 网络预测

YOLO 的目标检测流程如图 5-3 所示。

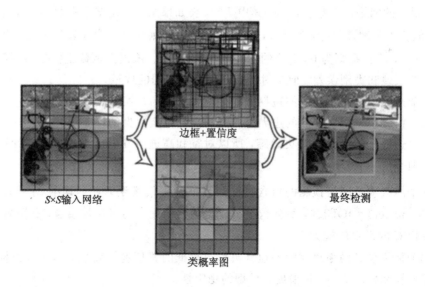

$S×S$输入网络　　　边框+置信度　　　最终检测

类概率图

图 5-3　YOLO 的目标检测流程

　　预测流程中用到了非极大值抑制算法（Non Maximum Suppression，NMS）。NMS 算法主要解决的问题是，当一个目标被重复检测时，如何去除多余的框并保留最符合实际的框。对于 YOLO 算法来说，首先针对某一个类别，选择其中置信度的边界框，然后依次计算它与其他边界框的 IOU，并且设定阈值。如果两者的 IOU 大于阈值则说明重叠度过高，去除该边界框，将置信度设置为 0。

　　YOLO 网络将输入的图片划分为 7×7 个网格（Grid Cell），每一个网格都会去预测两个边界框，如果检测目标的中心落入某一个网格，那么就会由这个网格负责预测这个目标。当所有的边界框属于某一类物体的置信度，即得到 20×98 的置信度矩阵，20 为类别，98 为边界框的数量。这时会在每一个类别，即每一行设置阈值，将置信度小于阈值的边界框去除掉，即将它的置信度设置为 0。最后使用 NMS 算法去除冗余的边界框。每一个边界框中即每一列取最大的置信度，如果置信度大于 0，那么这个边界框就属于这个类别。如果最大的置信度为 0，则代表这个边界框没有物体。

3.3　YOLO 网络损失函数

　　YOLO 网络以回归问题的思路来处理目标检测，所以它采用的损失函数为均方差损失函数。该损失函数如式 5.2 所示：

$$
\lambda_{\text{coord}} \sum_{i=0}^{S^2} \sum_{j=0}^{B} I_{ij}^{\text{obj}} \left[(x_i - \hat{\chi}_i)^2 + (y_i - \hat{y}_i)^2 \right] +
$$

$$
\lambda_{\text{coord}} \sum_{i=0}^{S^2} \sum_{j=0}^{B} I_{ij}^{\text{obj}} \left[\left(\sqrt{w_i} - \sqrt{\hat{w}_i} \right)^2 + \left(\sqrt{h_i} - \sqrt{\hat{h}_i} \right)^2 \right] +
$$

$$
\sum_{i=0}^{S^2} \sum_{j=0}^{B} I_{ij}^{\text{obj}} (C_i - \hat{C}_i)^2 + \lambda_{\text{noobj}} \sum_{i=0}^{S^2} \sum_{j=0}^{B} I_{ij}^{\text{noobj}} (C_i - \hat{C}_i)^2 +
$$

$$
\sum_{i=0}^{S^2} I_i^{\text{obj}} \sum_{c \in \text{classes}}^{B} (P_i(c) - \hat{p}_i(c))^2 \tag{5.2}
$$

S 为划分的网格，B 为边界框。其中 I_{ij}^{obj} 代表如果第 i 个网格存在目标，并且其中的第 j 个边界框负责预测该目标，则为 1，如果不存在目标则为 0。I_i^{obj} 代表如果第 i 个网格存在目标，则为 1，不存在则为 0。I_{ij}^{noobj} 的含义则与 I_{ij}^{obj} 相反。该损失函数主要分为两部分，即边界框的定位误差和类别误差。但是对于不同部分有不同的权重。

第一个损失项是网络预测的边界框中心位置坐标与真实数据的误差项。

第二个损失项是网络预测的边界框的宽和高与真实数据的误差项。由于小边界框的坐标误差比大边界框的坐标误差更敏感，所以对宽和高进行开方后再进行误差计算，目的是使变化更加平滑。

第三个损失项是网络预测的包含目标边界框的置信度误差项。其中 $\hat{C}_i$ 是边界框的置信度为 $Pr(object) * IOU_{pred}^{truth}$，最佳情况下就是边界框完全与真实框重合，此时置信度为 1。因此目标值 C_i 的设定值就为 1。

第四个损失项是网络预测的不包含目标边界框的置信度误差项。当不含目标时，对该项引入了惩罚系数 λ_{noobj}，以此来提高模型的稳定性。

第五个损失项是网络预测包含目标的网格分类误差项。只有当网格中存在目标时才会引入类别误差。

4 算法设计与实现

4.1 软件环境的搭建

选用的系统为 Linux，深度学习框架为谷歌的 TensorFlow，编程语言为 Python，网络训练的数据集为 VOC2012。

Linux 是免费的开源操作系统，有着丰富的软件支持，并且软件安装方便。Linux 有着强大的命令行工具，使得操作的执行变得快捷方便。

近几年，随着深度学习研究的持续升温，许多优秀深度学习的框架也不断涌现。如谷歌的 TensorFlow 框架，Facebook 的 PyTorch 框架和 Keras 框架等。本研究采用的深度学习框架为由谷歌研发的 TensorFlow 框架。TensorFlow 有以下优点：

（1）TensorFlow 具有可移植性。因为它支持多平台，可以将训练出来的模型运行在 Linux 系统、Windows 系统、Mac 系统以及移动端。

（2）TensorFlow 支持多语言，支持 Python 来构建基本的网络，并且也支持 C++。

（3）TensorFlow 拥有许多有关深度学习的 API 接口，比如卷积神经网络的基本单元的实现，以及各种反向传播用到的梯度下降算法。

（4）TensorFlow 有可视化的辅助工具 TensorBoard，可以用来进行分析、调试以及可视化数据。

VOC2012 数据集中包含 20 类不同的物体，并且标注了图片中 20 类物体的位置信息与类别信息。

Python 是一种开源的编程语言，相较于其他面向对象的编程语言来说，更加简单、快捷。用 Python 作为编程语言，使得程序开发变得简单、可移植、易扩展。它有着丰富的图形库、科学计算工具包以及可视化工具包。

在 Linux 下安装 TensorFlow 极为方便，可以使用 Python 的包管理工具 pip 进行安装，pip 为 Python 包提供了查找、安装、卸载等功能。可使用命令 pip3 install tensorflow 直接安装，但是由于资源在国外的服务器上，国内的网速有所限制，下载速度极慢，可以先将 pip 的源换为国内镜像源。

另外还涉及一些 Python 工具包，具体如下：

（1）由于要对图像进行处理，包括读取图片与显示图片等操作，因此还需要 pip 安装 opencv 的工具包。opencv 是一个跨平台的计算机视觉库，用于图像处理等方面。安装命令为：pip install opencv – python。

（2）由于计算过程中含有大量矩阵运算，需要安装 numpy 工具包。numpy 对 Python 提供了多维数组运算的支持。安装命令为：pip install numpy。

（3）程序界面由 tkinter 和 PIL 模块编写。安装命令为：pip install pillow。

4.2　数据集的预处理

选取的数据集 VOC2012 包括 20 类对象，包括人、动物、交通工具以及日常的家具等，甚至还包含 10 个动作类。VOC2012 数据集分为四部分，本次训练只用到其中两部分：

（1）Annotations，其中包含了 17125 个对象的.xml 格式的标签，包含物体类别以及它的边界框，.xml 文件的格式如图 5 – 4 所示。

图 5 - 4　对象的.xml 格式的标签

该.xml 文件对应的是数据集中的第一张图片，名为 2007_000027.jpg，如图 5 – 5 所示。其中标注图片中的物体为人以及这个人的坐标。

因为 YOLO 卷积神经网络是基于回归的目标检测算法，而回归部分的数据包括目标物体的类别以及物体的边界框，所以在训练网络的时候需喂给网络图片中目标物体的类别以及边界框的位置。网络训练主要用到的就是 Annotations 中的.xml 文件，用来获取以上信息。

（2）JPEGImages，其中包括 17125 张 jpg 图片，如图 5 – 6 所示。

由于在网络训练的过程中会频繁地读入图片以及标签数据，如物体的类别以及位置信息。Tensorflow 为此提供了一种文件格式：TFRecords。它可以将图片与它相对应的标签数据转化为二进制格式存储在一个.tfrecords 文件中。TFRecords 文件是一种二进制文件，

图 5-5　2007_000027.jpg

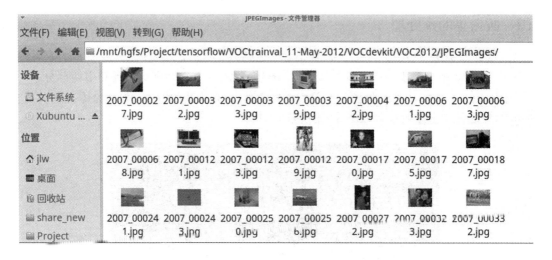

图 5-6　VOC2012 数据集图片

在训练时可以将数据快速加载到内存中。对于这类密集型数据操作,可以大大加快训练的速度。

对于标签数据的处理如下:

(1)使用 Python 内置模块 xml. etree. ElementTree 来解析 VOC2012 数据集中的 XML 文件,获取物体的类别与位置信息。

(2)使用 opencv 来读取图片,获取图片的基本信息,如宽和高。

(3)因为 YOLO 网络的图片输入大小为 448×448,并且训练时网络输出的坐标信息为物体中心点坐标以及边界框的宽和高,所以在预处理的时候,首先将从 XML 文件中提取出的坐标位置转化为 YOLO 网络所需的尺寸,要将坐标转换为中心点形式,并且计算宽和高。

YOLO 的核心在于将图片分为 49 个网格,然后每一个网格负责一个中心点落入其中的物体。因此,在进行标签处理时,会计算出物体的中心点落在哪一个网格中,为每一个网格设置以下属性,分别为是否含有目标、(x, y, h, w) 等四个位置信息以及目标类别。标签为 $7\times7\times25$ 的矩阵,结构如图 5-7 所示。

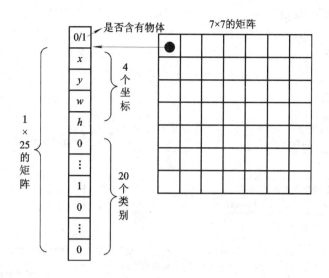

图 5 - 7　标签的数据结构

（4）将图片以及标签转化为二进制格式存储在 tfrecords 文件中。

4.3　网络训练

slim 是 tensorflow 中一个轻量级的神经网络库，可以用来构建网络模型、训练网络模型以及评估网络模型。使用方法简单，如 import tensorflow. contrib. slim as slim。

slim 库中包含卷积神经网络基本结构的实现函数。比如卷积层 slim. conv2d，池化层slim. max_pool2d 以及全连接层 slim. fully_connected。slim 库使得 YOLO 网络构建变得简单。最终构建的 YOLO 网络一共有 24 个卷积层、4 个池化层、以及 3 个全连接层。其结构如图 5 - 8 所示。

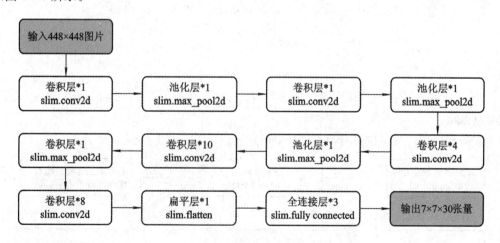

图 5 - 8　由 slim 库搭建的 YOLO 网络结构

在反向传播的训练过程中，tensorflow 也提供了一系列使用梯度更新算法的优化器，这里所采用的优化器为 tf. train. RMSPropOptimizer，这是一个使用 RMSProp 算法的优化器。该优化器可以通过损失函数计算出的总损失来更新网络参数，并使得损失最小化。

训练过程的流程图如图 5-9 所示。其中损失函数的计算用到了之前标定的图片标签，损失函数使用的是均方差损失函数。训练时由于数据集太大，如果全部跑完再调参会很慢，所以在训练时将数据集分为 16 个部分，并且在每一部分中会进行 5 次保存模型的操作，这是为了防止由于训练过程中的突发情况导致训练中断，而这时多次模型的保存可以有效保存模型数据。

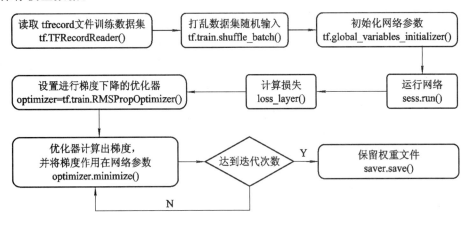

图 5-9 网络训练的流程图

4.4 网络识别

通过训练集数据的训练，可以得到网络模型。tensorflow 中的 tf. train. Saver 类可以保存神经网络模型。图 5-10 是保存的模型数据。

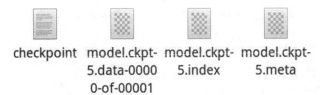

checkpoint model.ckpt-   model.ckpt-   model.ckpt-
            5.data-0000   5.index   5.meta
            0-of-00001

图 5-10 保存的网络模型

.data 文件保存的是网络中所有变量的值，即网络权值，.meta 文件保存的是神经网络的网络结构。

在得到模型后就可以进行目标识别，识别流程如图 5-11 所示。

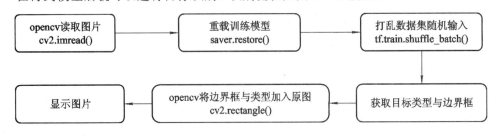

图 5-11 网络识别的流程图

识别的效果如图 5-12 和图 5-13 所示。

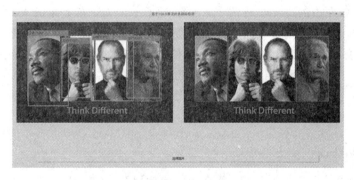

图 5-12 多目标检测效果图

图 5-13 单目标检测效果图

目标识别的结构由两个部分构成，一个是图片中的物体类别，另一个是目标物体的边界框。在识别的整个过程中，会将训练好的模型载入，然后网络会进行前向传播，最终输出图片中物体的类别与边界框的信息。图 5-12 中对含有多目标的图片进行了检测，识别效果达到了预期的效果，在左侧的图片显示区中，成功地识别出图中四个人的类别以及他们的边界框。对于图 5-13 单目标的检测效果也不错。

但是该网络仍然存在一些缺陷，比如对小目标以及靠的相近的目标识别效果并不佳，如图 5-14 所示。

图 5-14 复杂目标检测效果图

图 5-14 中一共有 11 个人，但实际检测出来的只有 9 个人，并且存在有些目标定位不

准确的问题，比如左边的边界框将两个人框选成了一个人，右上角的人没有被识别出来。YOLO 算法对于相互靠得很近的物体，或者很小的物体，检测效果有所逊色。这是由该算法的原理导致的。图片被简单地分成 49 个网格，每个网格只预测检测目标中心落入其中的物体，且每个格子只预测两个框，两个框属于一个类别。这会导致互相靠的很近的物体的中心点会落入一个网格中，而这时 YOLO 算法只会挑选出一个物体来识别，这就会导致目标检测的失败以及物体的边界框选定不理想。

4.5 结果分析

对于图像中单目标的目标检测，就本实验的检测目标——人来说，类别的识别率几乎达到了 95% 以上，而且目标的边界框选定也十分准确。在多目标的检测上，YOLO 算法也有着很高的识别率，接近 75%，但相较于单目标来说，多目标检测时受到的影响因素更多，比如目标重叠或目标太小，这些都对多目标的检测带来了极大的困难。对于小目标来说，在网络的卷积与池化过程中，损失的信息会越来越多，而小目标的特征则有可能在这些过程中消失了，所以 YOLO 在检测小目标时的效果不佳。

YOLO 卷积神经网络对于目标检测的速度十分快，在识别的精度上也差强人意。YOLO 网络在英伟达的 Titan X GPU 上可以达到实时的 45 帧/s，快速版更是达到了 155 帧/s。而在本实验中由于运行的是 CPU 版本，而且是在虚拟机中运行，速度大打折扣，识别一张图片的平均时间在 1.20 s 左右。总体而言，YOLO 网络的表现比较不错，但是仍然有改进的空间。

5 结　　论

目标检测是近年来比较热门的对视觉的研究，并且它与我们的生活息息相关。生活中对于目标检测的需求也越来越大，如监控安防领域、自动驾驶领域等。深度学习的崛起加速了对图像处理的研究。

YOLO 卷积神经网络模型是 2015 年提出的，它将目标检测处理为回归问题。相较于之前的 R-CNN 网络，它在速度上得到了极大提高，它比 R-CNN 卷积神经网络要快 1000 倍，比 R-CNN 的改进版 Fast R-CNN 也要快 100 倍，为后来的目标检测算法产生了极大的影响。但是其本身仍然存在一些问题，当图片中出现较小的物体或靠得很近的物体时，YOLO 网络的识别效果并不理想。随着卷积神经网络的不断发展，2016 年出现了 SSD 这个一样基于回归的目标检测算法，并且 YOLO 算法也在不断迭代更新，如今已经发展到了第三代。2018 年推出的 YOLOv3 的识别效果以及识别速度相较于第一代，已经得到了极大提升，也成功完善了 YOLOv1 的种种缺陷，如对于小物体的识别率与靠的相近的物体的识别率也大大提升。

本作品主要介绍基于深度学习的目标检测算法。首先对深度学习中的卷积神经网络的基本理论进行了详细介绍，之后重点介绍了 YOLO 网络的结构及其原理。本论文参考了许多前沿的目标检测的算法，并对 YOLO 网络的理论进行了初步的探究，参照了多方的资料，最终借助 tensorflow 的深度学习框架完成了 YOLO 网络的基本构建，并实现部分类别的目标检测。虽然对于一些相近类别，出现了识别错误或者无法识别的情况，但是根据最新的理论研究，进行进一步改善，相信这些缺陷可以被改善。

六 两轮自平衡机器人控制系统的设计

作品设计 章晓豪

摘 要

移动式机器人是当今研究的热点，而其中的一个重要分支是轮式机器人。轮式机器人对环境有良好的适应性、能量转换效率高、运动稳定、原理简单。该机器人应用前景非常良好。轮式移动机器人是当今各种移动机器人的研究热门点，对学术和日常使用都具有非常大的价值。两轮自平衡机器人通过调节左右电机的输出，保持机器人身体的动态平衡，实现垂直行走和任意半径转向。这种结构的机器人运动灵活，可以在较窄和较大角度上执行任务。

本课题主要设计两轮自平衡机器人控制系统的软件系统和硬件结构。整个自平衡车涉及机械结构调整、信号处理电路实现、传感器选择、控制算法应用等许多方面。整车的工作原理是提取汽车时间片的相应控制周期，相应的时间片用于控制车身的平衡，留出时间片用于控制车速和转向，用 MT9V032 数字摄像头采集赛道信息，并通过串口将数据传输至 K66 单片机，再通过 K66 单片机编写的程序对采集到的图像进行处理，然后利用编程的赛道控制程序给出路径控制，最后通过控制电机实现两轮自平衡机器人的行驶。

为了提高两轮自平衡机器人在行驶过程中的稳定程度，使用了几套软件进行对比。在硬件方面，为了稳定，对电源进行了调整，使整车的供电稳定度更大，硬件更稳定。为了更好地分析调车数据，我们结合上位机进行了调试。经过大量的实践，证明整个系统设计是完全可行的。

关键词：自平衡车；PID 控制；单片机；直流电机；数学模型

1 引 言

自平衡两轮机器人能够相对较灵活地运动，执行任务的区域可以是较狭窄的角落。相比于传统的四轮机器人和三轮机器人，两轮自平衡机器人拥有以下特点：

(1) 可以顺畅地操作，实现就地转动和更方便的道路轨迹定夺。

(2) 只占有一个小地方，运行区域可以是一个窄小的区域。

(3) 机器人的结构容易搭建，无需专门的制动系统，因此操作起来也不是太难。

由于上述特点，两轮自平衡机器人控制系统有非常广阔的应用领域。作为各种实用型机器人的支撑平台，它也可以是一种快捷的运载方式。目前在军队方面，在商业应用领域，家庭应用领域和工厂物件运载方面均有较广阔的应用前景。两轮自平衡机器人在环境的识别、集成系统的行为和执行等功能的控制、动态规划以及抉择方面，是一个自动控制理论和动态理论与各种技术相结合的研究课题的集合，其关键是解决前后运动的静态控制及平衡操作问题。

两轮自平衡机器人的控制原理与单级倒立摆比较相似，并且也有一个运动控制系统，它本质上是不稳定、高度可变、非线性的，并且由非完整运动约束的运动控制系统。在平衡控制任务的完整体系下，在路径追踪对象或自主移动物体的复杂环境中，两轮车辆的平衡相对复杂且实现起来较容易，是用于测试各种控制程序的处理能力的典型模型，使全世界的科学家都意识到其是最具挑战性的任务之一。作为复杂系统的实验装置，两轮自平衡机器人不易操控，算法也不易设计，但在理论方面又取得较好的结果。两轮自平衡机器人控制系统可以进行自适应控制（如 PID 自适应）、不确定性系统控制、非线性控制，其物理意义明确，分散协调控制方便。虽然系统具有复杂的特点，但其本身并不是很复杂，价格低，占地面积小，是一种潜在的实验工具，可作为理论研究的控制实验平台。其次，两轮自平衡机器人的运动状态与火箭机的运动状态非常相似，对于飞机这样的平衡系统的研究具有重要的理论和实际意义。

2　总体设计

系统设计的是两轮自平衡机器人控制系统，主要涉及软件和硬件两方面的内容。硬件方面主要包含电机驱动电路、摄像头采集电路、按键电路、供电电路等。软件方面主要涉及图像采集程序、图像处理程序、电机转动速度测量程序等。该系统实现的是平衡机器人的直立以及循迹功能。主要技术指标体现在直立平衡响应时间、直立角度偏移范围、循迹持续时间等。

2.1　总体结构框图

两轮自平衡控制系统的基本组成如图 6-1 所示。两轮自平衡机器人控制系统主要由转动速度测量、电机驱动、赛道图像采集、单片机、显示和控制这几个系统组成。整个系统的最主要部分是 K66 单片机系统。测速系统用来测量电机转动速度，并且把测量值传输给单片机系统，以达到闭环控制。驱动系统用来驱动电机，实现电机的正常工作。赛道图像采集系统负责采集图像信息，再由单片机系统去分析图像信息。显示系统用 OLED 屏显示必要的信息，方便分析观察。控制系统采用 PID 控制对电机实现相应的控制，使其有较好的稳定性。

本设计的最终目标是为了实现两轮自平衡机器人的控制，采用 PID 控制结合加速度计和陀螺仪对直流电机的转速进行控制，使其能前进。采用摄像头完成轨迹信息获取，完成简单的循迹功能。主要设计内容是 PID 控制系统的设计和调试，摄像头信号的采集和处理。

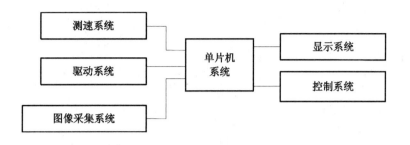

图 6-1　两轮自平衡控制系统的基本组成

2.2　主要技术指标

（1）直立平衡响应时间：小于 2 s。

（2）直立角度偏移范围：小于 5°。

（3）循迹持续时间：大于 4 s。

3　硬 件 设 计

3.1　微处理器选型

本系统所使用的是 32 位 ARM 内核单片机 K66P144M，该单片机由恩智浦公司生产，具有高速稳定、IO 端口资源丰富、抗干扰能力强和低功耗等优点，在一定条件下可以超频使用。该款单片机有不止一个电源模式，且自带内部时钟源，基于 ARM Crotex-M4 内核。此款单片机有非常强大的内部集成功能，内置了 SD 卡模块、直接内存存取模块（DMA模块）、PWM 模块、AD 模块等。

3.2　电机驱动电路设计

电机驱动芯片采用的是 BTN7971 芯片，具有良好的抗干扰能力和强大的性能，工作电压在 7.2 V，如图 6-2 所示。具体的电机驱动电路设计如图 6-3 所示。

图 6-2　BTN7971 芯片

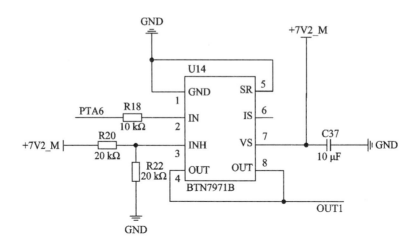

图 6 - 3　电机驱动电路

3.3　显示电路设计

此系统采用的 OLED 显示屏具有 128×64 的高分辨率，正常显示时具有 0.06 W 的超低功耗，其远低于 TFT 显示屏，而且具有 −30℃ ～70℃ 的工业级工作温度，其内部有 4 线 SPI 接口，可使用普通 IO 口模拟，具有大于 160° 的超广可视角度。其实物图如图 6 - 4 所示。

图 6 - 4　OLED 显示屏实物图

3.4　电源电路设计

本系统需要产生 5 V 和 3.3 V 的稳压电路，所采用的芯片分别为 SY8133 和 TPS564201，所采用的封装均为贴片式封装。5 V 稳压电路和 3.3 V 稳压电路分别如图 6 - 5 和图 6 - 6 所示。

3.5　电机测速电路设计

本设计采用龙邱 mini 编码器，如图 6 - 7 所示。电源电压一般为 3.3 V 或 5 V，这里使用 3.3 V 进行驱动。它的输出共有两种形式，其中一个功能是辨别电机的方向，输出为高电平或低电平；另一个功能是产生脉冲信号，还有编码器转动的匝数。

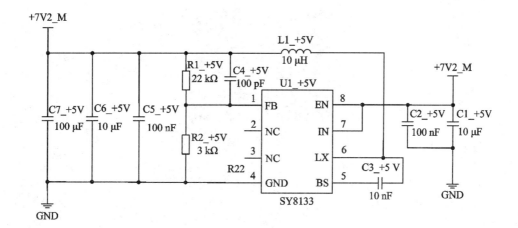

图 6-5　5 V 稳压电路

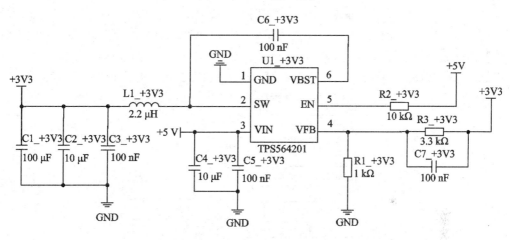

图 6-6　3.3 V 稳压电路

图 6-7　龙邱 mini 编码器

3.6　摄像头电路设计

本次设计采用的是逐飞科技的 MT9V032 数字摄像头，如图 6-8 所示。该摄像头传输速度快，图像抗干扰能力强，使用简便。

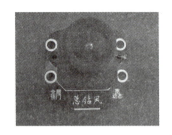

图 6 - 8　MT9V032 数字摄像头

4　软　件　设　计

4.1　总体方案

　　系统软件部分的程序流程图如图 6 - 9 所示,其基本设计思路为:各个模块的初始化→OLED 显示菜单→功能模式选择→循迹→摄像头采集数据→图像处理程序→电机转速采集→控制器计算输出→PWM 输出和 SD 卡存储。之后以此循环执行程序,就可以实现两轮自平衡机器人的循迹。最后可以通过串口传输将 SD 卡的数据传输到上位机上进行分析。

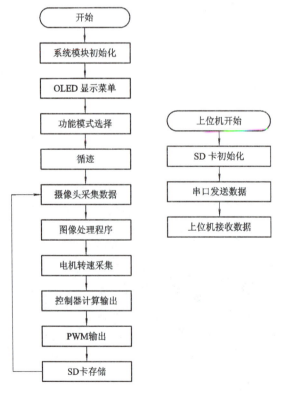

图 6 - 9　软件主程序总流程图

4.2　摄像头信号采集子程序

　　摄像头信号采集子程序的功能主要是配置好每个部分相应的参数以及程序,比如选定传输地址、大小等。

在摄像头开始采集像素前，要对摄像头所用到的引脚进行初始化，包括摄像头数据采集端口（8 位）、场数据信号端口、像素数据端口；要开启 DMA 传输通道，配置 DMA 传输源地址和目的地址，设定 DMA 每次传输字节数，串口初始化配置。所有初始化配置结束之后，启动场中断即可进行摄像头数据的采集。

摄像头每采集到一个像素数据就会触发一次像素中断，在像素中断处理函数中开启 DMA 传输，DMA 传输过程不会占用 CPU 时序，图像数据的传输是在 CPU 处理其他任务的时候完成的。

重复以上过程，直至摄像头扫描完这一整场的图像，同时会触发场中断，在场中断函数中实现 DMA 的重新配置，然后就可以开始采集下一场图像了。一幅图像采集完毕之后就可以对图像数据进行压缩处理了。

摄像头采集需要一步一步调试，一般来说，很难一次就成功使能摄像头。可以给几个关键的地方打上标志，比如有没有进中断，每一场图像数据采集是否成功，DMA 数据传输是否正常进行，把握住这几个关键点，使能摄像头会相对容易一些。

4.3 电机转速测量子程序

因为测量电机转动速度是借助测速模块来测量的，由上面提及的测速模块的运转原理可知，它向 MCU 传输的是脉冲信号。

本设计采用 DMA 计数的方式，且 DMA 无需占用 CPU 的时序，大大提高了传输效率。设置 DMA 计数模式为上升沿计数，将最后得到的计数值通过一定的公式转换为电机转动速度。

4.4 互补滤波子程序

加速度计非常容易受两轮自平衡机器人加速度的影响，如果只取某一个时刻的加速度计的值来作为倾斜角度，会产生相当大的误差，尤其在小车运动时，加速度计所测得值的抖动会非常的厉害。

陀螺仪测得的是角加速度，对角加速度进行积分，即可得到角度，且由此计算得到的角度稳定性比较高，即受小车运动状况的影响较小，但是温漂和积分漂移随时间增加而使误差增加。

根据以上分析，可以共同使用两个传感器使其互补。如果时间间隔不长的话，可以主要信任由陀螺仪计算得到的角度值；如果时间相对较长的话，加速度计的值就比陀螺仪的值要精确。

以上是互补，下面讲述滤波。

由以上分析可知，要想两者更好地实现互补，则陀螺仪的低频部分要被滤除，加速度计的高频部分要被滤除，然后把处理后的两者的值相加，即得到了最终的值。

陀螺仪积分角度值为 GyroI，角速度为 Angle，最终角度值为 FinalAngle，陀螺仪权值为 k，加速度角度值为 AccAngle。

互补滤波具体公式：

$$\text{GyroI} += \text{Angle} \times \mathrm{d}t \quad (\mathrm{d}t \text{ 为积分时间})$$

$$FinalAngle = k \times GyroI + (1-k) \times AccAngle$$

4.5 直立平衡子程序

要实现直立平衡则需要以上面的互补滤波为基础，有了平稳的融合角度值才可以让小车直立平衡。首先人工测出小车的机械平衡点，即小车不需要施加外力就能自我平衡的一个位置，把小车处于这个位置时候的角度记为理想角度。然后建立一个 PID 控制体系，即角度偏差＝理想角度－实际融合角度。经过调试即可得到合适的比例项、积分项和微分项的参数值。将此 PID 控制的输出项作为左右电机的 PWM 输入值。只要小车不在平衡位置，电机即会向前或向后运动使小车重新回到平衡点。

4.6 速度控制子程序

速度控制要以直立平衡为基础。如果把直立平衡的 PID 控制体系中的理想角度定在机械平衡点的前面或后面，则小车会向前或向后运动，但是速度会越来越快，所以需要建立一个速度控制的 PID 控制，即速度偏差＝理想速度－整车速度。将 PID 控制的输出叠加到直立平衡 PID 控制的理想角度上。如果速度过快，使理想角度往后倾，即达到减速的效果。

4.7 方向控制子程序

方向控制算法是根据摄像头采集到的图像，然后经过图像处理之后提取出的左右线再推算出赛道中线，根据赛道中线与绝对中心的偏差量来生成电机的差动控制量。即通过左右电机的速度差来使小车完成转向，逐渐使小车逼近绝对中心。这个过程是一个积分过程，所以小车的方向控制只需要使用 PID 控制中的 P 项即可实现小车的大致方向控制，经过实际的调试可以得出一个比较合适的 P 参数。但是两轮自平衡小车是有一定质量的，所以在运动转向的过程中会存在一定的转动惯量，会使车模在运行过程中出现转向过冲。为了抑制车模的转向过冲，需要用到 PID 控制中的微分项。

5 系统的整体组装和调试

5.1 硬件电路的连接

本次设计中的大多数元器件都是封装好的，如电机转动速度测量模块、UART 模块、K66 最小系统板、陀螺仪、加速度计以及数字摄像头。因此只要按照电路图将电路焊接起来即可。

为使整个系统能够正常工作，该电路焊接中有一些需要注意的特别事项：

（1）陀螺仪、加速度计必须按照说明书上的标准来连接，否则将无法正确显示出模块应测得的数值，可能还会烧坏整个模块。在用的时候也要知道每个模块的三个轴是如何分别对应实际情况的，否则实际使用起来会出问题。

（2）陀螺仪的摆放一定要端正，否则小车端正的时候，陀螺仪却有其他方向的分量显示，会对之后的调试产生不便。

（3）摄像头信号线、地线和电源线一定要连接正确，否则会导致摄像头烧毁。

（4）K66 最小系统板的电源线需小心对照电路图给 5V 电源。

最终的实物图如图 6-10 所示。

图 6-10　两轮自平衡机器人

5.2　调试

1. OLED 屏的测试

测试程序是分别显示英文和图片等。烧写程序、供电之后检查 OLED 屏是否按照程序的内容来显示对应的图像，其亮度有没有异常。如果都正常的话，OLED 屏没有问题。否则要进行电路检查，弄清楚是哪里出了问题。

2. 按键电路的测试

测试程序是结合 OLED 屏的，在 OLED 正常的情况下，可以用于检测按键是否正常。首先显示一个菜单界面，按下对应的按键，检查菜单是否出现了和程序中一致的对应变化。如果都正常，说明按键电路没有问题，否则也要进行电路检查。

3. 图像采集电路的测试

先保证 OLED 屏正常的情况下再测试摄像头。首先开始摄像头的传输，再观察 OLED 屏上的图像是否实时变化，如果一直变化，说明图像采集电路和软件配置是正确，否则要一步一步地排查问题。

4. 电机驱动电路的测试

首先需要确定的是单片机的 PWM 模块能否正常使用，这里可以用示波器来进行观察。编写程序使单片机输出占空比为 30%、频率为 50 kHz 的方波脉冲信号，如果示波器上观察到的波形和程序设计的一致，说明单片机的 PWM 模块是正常的。

然后再对驱动电路进行检测，此课题中其中一个电机的引脚口是 A6 和 A7。先设置 PTA6 输出 PWM 信号的占空比为 0%，PTA7 输出 PWM 信号的占空比为 30%，若电机能以一定的速度转动，且当作相反设置的时候，即 PTA6 输出 PWM 信号的占空比为 30%，PTA7 输出 PWM 信号的占空比为 0%时，电机以同样的速度向反方向转动，说明电机驱动电路正常。对另一个电机进行相同的测试，若均正常，说明电机驱动电路是正常工作的。

5. 测速模块的测试

这里可以使用OLED屏来显示测得的转速值。给电路供电之后，用手以不同的速度推测速模块的轮子，如果转速值和手推动的速度大体一致，则电机转动速度测量电路是没有问题的。

6. 整体系统的测试

把所有代码都编写在一个项目中，进行联合测试，检查整个系统的各个模块会不会相互影响，在整体测试的情况下每个模块是否正常工作。

6 　结 　 　论

本设计达到了预期的要求，两轮自平衡机器人可以实现稳定的直立平衡功能以及对特定赛道的循迹功能，其中在循迹时可在菜单中对相关参数进行调节，可以实现平衡机器人不同的直立姿态。

此设计的两轮自平衡机器人控制系统完成了最初设定的目标，PID控制算法在实际情况下可以达到电机的转动速度能跟随期望值，并且整体的误差能控制在一定的范围内。下位机也能实现图像采集功能，将摄像头采集到的图像显示到OLED屏上，并进行相应的图像处理，成功地实现循迹功能。也可以将一次完整过程数据存储到SD卡中，之后能使用串口将数据发送到上位机进行观察。

设计期间发现了PID控制算法的优缺点。PID算法设计起来比较简便，可以根据经验比较快就能调试出一个比较不错的控制参数。PID算法虽然能实现较小的控制误差，但相对来说，其控制精度并不是特别高，而且对积分项的控制比较麻烦，若积分项较大，容易引起超调，影响系统的稳定性；积分项较小，又有可能会存在静态误差，很难找出一个适应积分项的平衡点，所以导致整体的调试有所缺陷。

本设计完成了离散PID公式的推导，并且进行了相应的仿真，通过仿真结果验证了PID控制算法的可行性，并应用到实际应用中，让实践来检验理论的正确性。

本设计完成了两轮自平衡机器人控制系统的机械结构的搭建，在考虑如何搭建机械结构的过程中，尝试了许多种方案，发现最重要的是电池的位置，电池放置位置的垂直高度和水平距离对平衡位置影响是最大的，所以要选择一个合适的电池放置位置，选的太低会使自平衡小车在前进的时候使得电池擦地然后失去平衡，选的太高则会使得平衡位置靠后，所以要选择一个有良好平衡位置的电池位置。其次就是车模后面的地板需要裁掉一些，因为原设计车模的地板太长，严重影响车重和平衡位置。还有就是摄像头位置要尽量的靠近重心位置，摄像头看起来不大，但是由于高度原因使得摄像头的重量被放大了，所以摄像头要靠近中心。硬件PCB板选择放在轴心上，这样按键操作起来也比较舒适。

七　基于单片机的 PM2.5 检测仪的设计与实现

作品设计　万文斌

摘　　要

　　PM2.5 是指空气中直径小于 2.5 μm 的可吸入颗粒物。PM2.5 值越大，污染就越严重。PM2.5 检测仪是一种集电子技术、仪器应用和测试技术于一体的机电一体化产品，用于检测空气中 PM2.5 粒子的浓度。本作品主要是设计一款可以测量并显示 PM2.5 浓度、设置浓度报警值的 PM2.5 检测仪。

　　PM2.5 检测仪系统主要包括传感器检测模块、模数转换模块、按键模块、报警模块、显示模块、供电模块和单片机处理模块。PM2.5 浓度检测过程为：粉尘传感器中的发光二极管发出光线，经空气中的 PM2.5 粒子反射到传感器中的光电晶体管，从而输出一个对应的模拟电压，此模拟电压经过模数转换电路变成数字电压进入单片机，再经过单片机处理之后由 LCD1602 显示出数值。检测模块和显示模块之间的单片机是 STC89C52，其主要作用是处理信号，实现传感器和液晶显示屏的通信。单片机 STC89C52 的程序是用 Keil 编辑器进行设计和调试完成的。另外，单片机外接按键可以实现浓度报警值的设置和改变，用以满足更多场合的需求。

　　该检测系统可以很好地检测出空气中 PM2.5 粒子的浓度，显示屏则可以显示出浓度值和报警值，并且可以很方便地改变此报警值，简单易行。

　　关键词：PM2.5；浓度检测；报警；粉尘传感器。

1　引　　言

　　随着科学技术的进步，人们的生活条件有了极大的提高，生活越发高效、便利。但空气质量却越来越差，不容忽视。其中，PM2.5 是衡量空气质量的一个重要指标。近年来，雾霾问题越来越严重，已经引起不少人的恐慌。空气质量变差，其危害越来越严重。根据世界卫生组织发布的调查显示，世界上各个国家的大半城市和农村居民均遭受到颗粒物对健康的影响。高浓度的 PM2.5 会缩短人们的寿命，大大增加死亡率。人类本身的生理结构对许多空气颗粒物都有阻挡防护作用，但是对 PM2.5 粒子却无能为力，而 PM2.5 对人类健康的危害却非常大。许多健康专家和环境安全专家们发现，由空气中的颗粒物引起的雾霾天气所带来的危害比我们想象的要大得多，甚至不小于沙尘暴这样的极端天气。PM2.5

粒子对人体呼吸系统的危害是最为明显的。每年因这种雾霾天气而患上呼吸疾病的人不计其数，这是因为 PM2.5 粒子实在是太小了，人体本身的防护机制根本没法阻挡它的侵入，PM2.5 会直接进入到人体的支气管，使得肺部的气体无法正常交换，从而引起人体内的缺氧，呼吸困难，诱发一些如哮喘之类的呼吸疾病，一到雾霾天气，一些老人、小孩以及呼吸病患者就痛苦不堪。另外，PM2.5 粒子进入人体后会融入血液中去，而不经过肝脏解毒，从而也会诱发一些血液疾病。并且，PM2.5 粒子也会吸附空气中的一些其他有害物质带进人体，如多环芳烃引发癌症等疾病。综上所述，PM2.5 危害如此之大，PM2.5 检测仪就显得尤为必要。

2 总体方案设计

PM2.5 检测系统是融合了光学、电学、仪器技术在一起的系统，它的总体布局如图 7-1 所示。该系统主要包括电源电路、传感器模块、模数转换模块、按键电路、单片机模块、显示模块和报警模块等。它的工作原理是：传感器中的发光二极管放射出光线照在传感器中的空气采集区域，空气中的颗粒物将光反射到另一端的光电晶体管上，传感器输出一个对应的模拟电压，此模拟信号进入模数转换模块之后被转换成数字信号，就可以被传输到单片机中进行处理，然后再传进液晶显示屏，就可以显示出空气中 PM2.5 的浓度了。按键连接在单片机上可以改变所设置的报警值。当测得的 PM2.5 浓度大于所设置的报警值时，蜂鸣器和发光二极管就会发出声光报警提示。PM2.5 检测系统中，传感器用的是夏普 GP2Y1010AU0F 粉尘传感器，模数转换模块用的是 ADC0832 芯片，单片机用的是 STC89C52，液晶显示屏用的是 LCD1602。

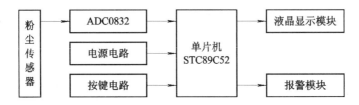

图 7-1 系统总体结构框图

(1) 电源电路：为整个系统供应电力驱动，使得系统能持续运行。

(2) 报警模块：由蜂鸣器和发光二极管组成，超出限定值之后就会有报警提示。

(3) 按键电路：有两个按键，控制报警值加减的调整。

(4) 粉尘传感器：用的是 GP2Y1010AU0F，将 PM2.5 粒子质量浓度转换成输出电压的形式加以处理。

(5) 单片机模块：单片机模块所用单片机是 STC89C52，功耗低，性能高，费用低，可靠性好。

(6) 模数转换模块：采用 ADC0832 芯片，体积小，兼容性好，功耗低，稳定性好，误差小。

(7) 液晶显示模块：采用 LCD1602，功耗少，体积小，显示内容较多。

3　硬件设计

3.1　电源电路

电源是一个电路的驱动源，提供电路所需的电力，是保持整个系统能够正常运行的最基本条件。本次试验所需要的电压为 5 V，且需要此电压能够稳定。电池是一个不错的选择，电压足够，更换方便。电源接口电路如图 7-2 所示。

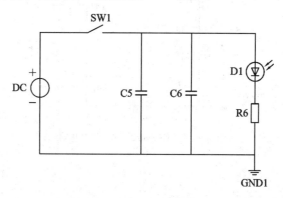

图 7-2　电源接口电路

在电源接口电路中，DC5V 处就是外接电源的接口；电容 C5（470 μF）和电容 C6（0.1 μF）是电源的滤波电容，它们一个大一个小，作用是过滤掉电源中的杂波，大电容过滤低频杂波，小电容过滤高频杂波，这样供电才会平稳；D1 处是一个发光二极管，为电源指示灯，当电路接通之后就会亮起来，表示此电路工作正常；电阻 R6 是二极管的限流电阻，这个电阻不能太大也不能太小，太大了指示灯的亮度不够，太小的话又容易烧掉二极管，一般来说 2000 Ω 就差不多了；此电路中还有一个不可缺少的部分就是自锁开关 SW1。自锁开关是一种自带机械锁定功能的常用开关，它与一般的轻触开关的最大区别在于它按下再放开手之后可以保持通行或断开的状态，而不会像轻触开关那样跳回来。由于这种性质，自锁开关常用来作为电路的总开关，应用十分广泛，在一些电子产品里就常常出现它的身影，比如电视机、电灯等。本作品中自锁开关也是起着总开关的作用。

3.2　传感器模块

夏普 GP2Y1010AU0F 粉尘传感器检测电路是本系统的一个关键部分，它直接影响到测量结果的精确度。检测电路如图 7-3 所示，粉尘传感器的 1 脚接 150 Ω 的电阻和 220 μF 的电解电容，起到滤波和保护的作用；2 脚和 4 脚接地；3 脚接的是单片机的外部中断脚 P32，也是单片机的 12 脚，输入的是一个脉冲信号；5 脚是传感器的模拟量输出脚，要连接到模数转换电路的 3 脚（通道 1）上；6 脚接电源。

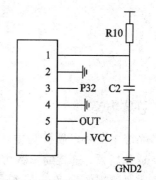

图 7-3　GP2Y1010AU0F 检测电路

3.3 模数转换模块

模数转换在许多检测仪器中都是不可缺少的,在本实验中,模数转换电路如图 7 - 4 所示。使能端 1 脚接单片机的 3 脚,接收使能信号;2 脚不用;3 脚接粉尘传感器的 5 脚,接收模拟电压信号;4 脚接地;5 脚和 6 脚接单片机的 1 脚,将产生的数字信号传送给单片机处理;7 脚接单片机的 2 脚,接收时钟信号;8 脚接电源,使芯片能够工作。

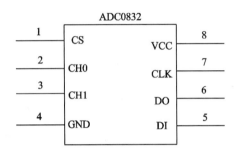

图 7 - 4 ADC0832 模数转换电路

3.4 单片机模块

在 PM2.5 检测仪的电路系统中,单片机电路占据着十分重要的位置。本 PM2.5 检测仪的单片机电路主要包括了单片机最小系统、复位电路和晶振电路。1 脚、2 脚、3 脚和 12 脚接传感器和模数转换电路,8 脚和 10 脚接按键电路,这些在前面已经介绍过了,不再重复;4 脚接报警电路,5 脚、6 脚、7 脚以及 P0 口接 LCD1602 液晶显示屏,值得一提的是,与显示屏连接的时候最好接一组上拉电阻,这样可以使电路更加稳定;40 脚接电源,5 V即可,20 脚接地;9 脚会外接复位电路,可以让单片机回到最初状态。复位分为自动复位和手动复位,此 PM2.5 检测仪设计采用手动复位,当需要重新测量或者测量出现问题时,按下复位键,就可以实现初始化,复位电路由一个开关、10 μF 的电解电容以及 10 kΩ 的电阻组成,电容、电阻可以控制电路的复位时间;18 脚和 19 脚接外部晶振电路,晶振频率为 11.0592 MHz,所用电容为 18 μF 的瓷片电容,产生单片机需要的时钟信号。其他的引脚都悬空。

4 软 件 设 计

4.1 总体方案

本系统主要是以硬件为主,需要用到的程序模块并不多。程序的编写需要用到 Keil uVision4 编辑器,这款编辑器功能强大,使用简单方便,调试功能也十分优越,深受欢迎。系统中需要调用的程序有 ADC 模数转换控制程序、单片机数据处理程序以及显示器控制程序,当然,报警参数的设置也需要程序的控制。

4.2 程序流程

PM2.5检测系统中,单片机内的主程序是最为关键的,它必须要对检测结果进行显示、读取并加以处理,还需要与所设置的报警参数比较大小,控制报警电路的工作。主函数程序流程如图7-5所示。

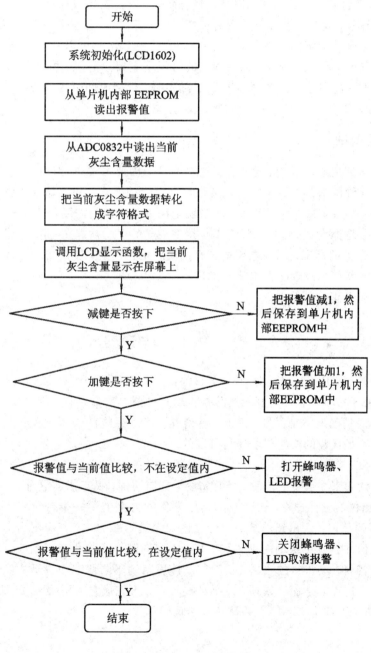

图 7-5 主函数程序流程

5　制作与调试

5.1　硬件电路的布线与焊接

　　PM2.5 检测仪看似模块很多，但原理相对简单，连接也比较简单，当然也不能掉以轻心。当拿到元件时，要先检测元件是否有损坏，有没有缺少，这是焊接前必不可少的工作；在布线的时候，应尽量将同一模块的元件分布在一起，这样可以减小焊接过程中的出错率，也在一定程度上减小了误差；而在焊接的时候就更要小心了，特别是一些很相近的引脚，不相连的不要焊在一起，比如 LCD1602 的引脚，焊接时间不要过长，还要注意不要把芯片的方向搞反了。

5.2　电路的调试

　　在焊接完电路之后，不一定会得到理想的结果，因此需要进行调试。当程序烧录到芯片之后，要先查看显示器所显示的结果是否符合设置的要求。如若显示正常，则说明整个电路是正确的；如果结果显示不正常，则说明电路有误，这就需要仔细检查电路哪里有问题，先看看电路是否接错；看看有没有不该接在一起的引脚被焊在一起；有没有出现假焊、虚焊或者是焊错了的情况；因为电路里还有按键和报警模块，还需要看看按键能否实现加减的功能，蜂鸣器和二极管能否正常工作等等。总之，调试是一个需要细心和耐心的过程，认真调试才会得到正确的结果。

6　结　　论

　　通过实物验证，PM2.5 检测系统的设计思路、方案是符合要求的，可以很好地实现空气中 PM2.5 粒子浓度的检测与显示，也能够改变报警参数值，准确完成报警作用。当然，由于传感器本身精确度不是很好，加上一些焊接过程、系统的误差，这个检测仪的精度不是很高，但是满足日常的检测要求还是可以的。

　　通过 PM2.5 检测系统的制作，认识到要想设计一个好产品，充足的知识储备是很必要的，这样设计起来才会得心应手，条理清晰，方向明确，做起来会更有效率。同时，这次的 PM2.5 检测仪的设计过程，也让我的实际操作能力又上了一个台阶，对一个整体电路的设计有了新的认识，认识到单纯的学习理论知识是不够的，将其应用到实践中去加以论证，对所学知识才会有更深刻的理解和记忆。本次的制作还使我意识到细心和耐心的重要性。从选定方案到查阅大量的资料，从确定设计思路到不断修改使设计方案成形，以及后面的调试，这个过程复杂而又繁琐，需要足够的耐心去完成它，"心无旁骛脚踏实，守得云开见月明"，功夫下到了，PM2.5 检测仪自然也制作成了。

八　滚球控制系统的设计与实现

作品设计　颜斌　叶豪杰　甘群

摘　　要

滚球控制系统以飞思卡尔单片机 K60 为核心，以 SONY CCD 摄像头为传感器反馈小球位置，另附有按键模块和 OLED 显示屏模块。在木板背面中心处粘上万向节，通过铝棒固定在木质底盘，2 个舵机分别安置在木板中心下垂直的两个方向形成 XY 轴坐标，舵机臂杆上安置铜棒与木板底部相连，单片机通过摄像头信号找出小球位置来控制舵机上铜棒的上下运动，控制木板倾斜实现滚球控制功能。

关键词：滚球；视频分离；OLED

1　系统方案论证

滚球控制系统由小球、平板模块、驱动模块、图像识别模块、小球运动控制模块等组成。平板模块采用木质材料，表面光滑，不敷设其他材料；小球采用坚硬、均匀材质，直径不大于 2.5 cm。

1.1　最小系统选型

方案一：AT89S52

选择用 ATMEL 公司的 AT89S52 作为系统控制器的 CPU 方案。单片机 AT89S52 是低功耗高性能的 8 位微控制器，具有看门狗定时器、3 个 16 位定时/计数器，但是功能达不到要求，没有 FTM 功能，对电机调速有一定困难。

方案二：K60

选择用飞思卡尔 K60 单片机。K60 是飞思卡尔一款超低功耗的单片机，此系列单片机是基于 ARM Cortex-M4、具有超强可扩展性的微控制器，可将 CPU 超频到 200 MHz，多个 PWM 输出，可以精确控制电机。

单片机是系统的核心，此系统将用于视频信号的处理，对单片机的主频有一定要求，

— 73 —

K60 能稳定超频到 200 MHz，且需要两路 PWM 调速功能，综合考虑，选择方案二。

1.2 电机选型

方案一：步进电机

步进电机可以实现开环控制，无需反馈信号，通常使用在短距离频繁动作的场合。但是步进电机不适合使用在长时间同方向运转的情况，电流大，容易烧坏。且步进电机的扭矩较大，滚球系统不需要用到较大力矩。

方案二：直流推杆电机

直流推杆电机是直流电机改造的，有着直流电机容易控制的优点。推杆电机对于滚球系统有着机械上的优势，但是推杆电机上下运动较慢，滚球系统对于电机的速度有一定要求，因此不合适。

方案三：舵机

舵机是一种位置（角度）伺服的驱动器，适用于那些需要角度不断变化并可以保持的控制系统，且舵机电路简单，无需驱动电路，控制上对于滚球系统有着很大的优势，舵机中值容易找到小球的平衡位置。

电机是系统的主要动力模块，推动力矩、灵活性、响应速度都是电机选型要考虑的关键因素。滚球系统的电机需要较强的"爆发力"和响应速度，综合考虑，我们选择使用 PDI-6225MG-300 型号舵机。

1.3 传感器选型

方案一：红外光电管阵列

平板使用透明的材料，平板上方安装光源，平板下面安装多个光电管，构成一个平面的光电管阵列，根据遮光后光电管就接收不到光信号的原理，可以较为直观地知道小球的位置，软件上更容易控制。但是光电管接收信号的范围很小，木板的面积过大，需要的光电管的数量过于庞大，硬件上实现困难，且单片机管脚不够，所以本方案不可行。

方案二：大功率红外射线

在木板两边设置 X 轴、Y 轴，放置多个大功率红外射线管，根据被挡住的两个红外管就可以确定一个 XY 轴的坐标，有这个坐标就可以确定小球的位置，这个方案虽然用到比方案一少很多的单片机管脚，但是对于精度的要求还是不够，且容易受到外部的干扰，有很大的不确定性，所以本方案不可行。

方案三：摄像头图像识别

在木板上放置支架固定摄像头，利用摄像头采集到的实时图像进行小球位置的识别。由于小球和木板的颜色都可以自主选择，为了减少控制的难度，我们将木板涂成黑色，小球用白色。这样只需使用黑白摄像头就能看到小球位置。摄像头受到的环境影响比较大，需要抗干扰性较强，由于小球较小，需要用到高灵敏度的摄像头。CMOS 传感器具有低成本、低功耗以及高整合度的特点，CCD 传感器在灵敏度、分辨率、噪声控制等方面都优于 CMOS 传感器，因此我们选择 SONY CCD 摄像头。

综合以上所有因素，选择方案三。

1.4 滚球控制系统方案

滚球控制系统主要由单片机、舵机、驱动电路、摄像头及摄像头处理电路等组成。由于平板系统采用了舵机控制，舵机指向精准，转角迅速，只需要输入特定 PWM 波就能瞬间达到预定位置，在一定程度上简化了控制。舵机控制系统处理由主控中心发出，转向控制根据图像上小球坐标与目标点坐标的偏差，根据预定的路径规划输出不同的控制指令。滚球控制系统原理如图 8-1 所示。

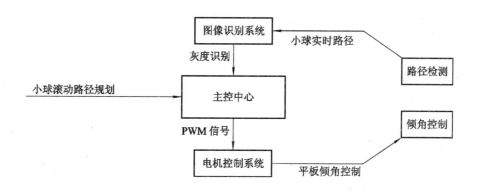

图 8-1　滚球控制系统原理图

2　理论分析与计算

滚球系统采用 CCD 摄像头作为传感器，安置在板球系统的正上方，通过图像处理得到小球位置；两只舵机互相垂直安置在板球的下方，与底部的底盘固定，形成 X 轴与 Y 轴；舵机安装支架通过铜棒与木板相连，通过 PID 调节给舵机 PWM 信号使得舵机转角，木板倾斜，达到控制小球的目的。

2.1 滚球控制理论分析

滚球控制系统由底座、平板、图像识别系统等组成。圆形区域分布如图 8-2 所示，小球滚动路径如图 8-3 所示。索尼 CCD 模拟摄像头只能反馈图像的灰度信息，为了能将小球与平板区分开来，我们将平板处理成黑色，使用白色的硬质小球，通过外部 ADC 将灰度信息传回单片机后储存在二维数组中进行二值化处理。在传输过程中，扫描每行的跳变沿，由于图像噪点在图像上只是以单个像素点表现，因此可以通过几行跳变沿组成的白块，从而判定为小球，通过读取其二维数组的位值确定中心点，即可确定小球的位置坐标。

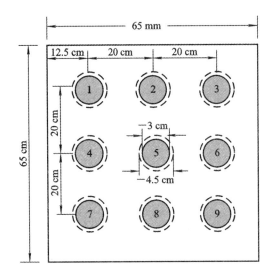

图 8 - 2 圆形区域分布示意图

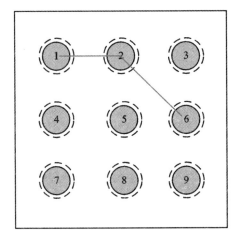

图 8 - 3 小球滚动路径示意图

2.2 信号发生器分析设计

采用 K60 自带的 PWM 功能，设置 PWM 工作频率为 1 kHz，调节输出波形的占空比，从而调整加在舵机上的电压实现调节上下位置。其原理如公式（8 - 1）和公式（8 - 2）。

$$f_{\text{ocnpwm}} = \frac{f_{\text{clk}}}{N \times 256} \tag{8 - 1}$$

其中，f_{clk} 为时钟频率，N 为分频因子，f_{ocnpwm} 为 PWM 频率。

$$U = V_{\text{CC}} \times \frac{t}{T} = A \times V_{\text{CC}} \tag{8 - 2}$$

其中，$A = t/T$（占空比），V_{CC} 是电源电压，U 为电机的电压。

2.3 滚球控制系统 PID 算法与分析设计

将偏差的比例、积分和微分通过线性组合构成控制量，用这一控制量对被控对象进行控制，这样的控制器称 PID 控制器。

因为单片机控制不是连续控制，所以采用离散 PID 形式，以下三个公式体现了整个离散化的过程。其中 k 代表采样序号，T 代表采样周期，t 代表连续时间。

$$t \approx k \times T \tag{8 - 3}$$

$$\int_0^t e(t)\mathrm{d}t \approx T\sum_{j=0}^{k} e(jT) = T\sum_{j=0}^{k} e_j \tag{8 - 4}$$

$$u(t) = K_{\text{P}}\left[e(t) + \frac{1}{T_{\text{I}}}\int_0^t e(t)\mathrm{d}t + T_{\text{D}}\frac{\mathrm{d}e(t)}{\mathrm{d}t}\right] \tag{8 - 5}$$

将式（8 - 5）代入模拟 PID 的计算式中，可以得到离散 PID 的计算式，其中模拟 PID 的计算式如公式（8 - 6）所示，离散 PID 的计算式如公式（8 - 7）所示。

$$u(t) = K_{\text{P}}\left[e(t) + \frac{1}{T_{\text{I}}}\int_0^t e(t)\mathrm{d}t + T_{\text{D}}\frac{\mathrm{d}e(t)}{\mathrm{d}t}\right] \tag{8 - 6}$$

$$u_k = K_P \left[e_k + \frac{T}{T_I} \sum_{j=0}^{k} e_j + \frac{T_D}{T}(e_k - e_{k-1}) \right] \qquad (8-7)$$

在公式(8-7)中,定义积分系数 $K_I = K_P \dfrac{T}{T_I}$,微分系数 $K_D = K_P \dfrac{T_D}{T}$,则可得到简化的离散 PID 计算式,如公式(8-8)所示。

$$u_k = K_P e_k + K_I \sum_{j=0}^{k} e_j + K_D(e_k - e_{k-1}) \qquad (8-8)$$

将偏差的比例(K_P)、积分(K_I)和微分(K_D)通过线性组合构成控制量,对被控对象进行控制,K_P、K_I 和 K_D 三个参数的选取直接影响了控制效果。在经典 PID 控制中,将给定值与测量值进行比较,得出偏差,并依据偏差情况给出控制作用 $u(t)$。在滚球系统中,已知 CCD 检测出小球的坐标以及期望达到的坐标,将其偏差代入公式就可以计算出需要给到舵机转角的值,从而达到控制小球的功能。

3 滚球控制系统电路设计

3.1 电源模块设计

电源模块是整个系统正常工作的基本保证,特别是摄像头的模拟信号容易受到干扰,所以电源的纹波要小,可靠性要高。本设计采用 LM2577 搭建了升压电路,将 7.2 V 升到 12 V 给摄像头供电。舵机的电源选用 TI 的 LM2941,因为考虑到舵机是系统的主要耗电源,需要快速的电流响应,所以选择了双电源供电,摄像头主板和舵机分开用两块电池供电,中间用地线相连,这样屏蔽了其他噪声对舵机的影响,从而提高了系统的稳定性。

3.2 ADC 模块设计

滚球控制系统中使用 ADC 模数转换电路、2.5 V 基准电路。模拟摄像头的信号需要经过 A/D 转换才能被单片机识别。

K60 单片机内置两个 ADC。用内部 ADC 会占用大部分时序,对软件编程造成一定困难,系统的稳定性也会下降。因此使用了外置的 ADC。选用了 8 位 ADC—TLC5510,使用 20 MHz 工作频率,2.5 V 基准电压,2.5 V 电源芯片使用的是 LT6656,输出较平稳的 2.5 V 基准电压。

3.3 视频分离模块设计

单片机将无法识别所接收到的视频信号处在哪一场,也无法识别是在该场中的场消隐区还是视频信号区。LM1881 视频同步信号分离芯片可从摄像头信号中提取信号的时序信息,如行同步脉冲、场同步脉冲和奇偶场信息等,并将它们转换成 TTL 电平直接输给单片机的 I/O 口作控制信号之用。

3.4 滚球控制系统工作流程

滚球控制系统工作流程如图 8-4 所示,系统开始后,单片机给指令让小球以最快的速度达到指定地点，然后摄像头判断其是否达到定点的附近，达不到则返回继续调节平板，定点成功后继续执行下一条指令，单片机根据摄像头信号微调平板控制小球达到预定地点。

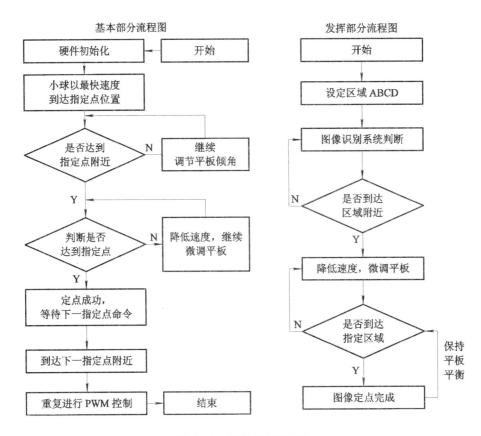

图 8-4 系统工作流程图

4 系统指标测试

4.1 测试条件

检查多次，仿真电路和硬件电路必须与系统原理图完全相同并且检查无误，硬件电路保证无虚焊。

4.2 测试仪器

测试仪器包括 OLED、串口调试小助手、PID 上位机、秒表等。

4.3 测试结果及分析

对滚球控制系统的基本部分进行测试，并将数据记录在表 8-1 中。

表 8-1　基本部分测试结果　　　　　　　　　　　单位：s

测试次数	滚球运动状态					
	区域2	区域1→区域5	区域1→区域4→区域5			区域1→区域9
	停留时间	完成动作时间	1→4运行时间	4→5运行时间	完成动作时间	完成动作时间
1	8.45	5.48	6.28	8.00	14.28	5.85
2	7.55	6.43	7.29	7.94	15.23	6.55
3	8.65	5.77	7.77	7.52	15.29	5.43
平均值	8.22	5.95	7.34	7.83	14.76	5.86

数据说明：区域 2 的停留时间平均值大于要求的 5 s；区域 1 到区域 5 的要求平均时间为 5.95 s，小于 15 s；区域 1 到 4 再到 5 的平均时间为 14.76 s，低于 20 s，满足要求；区域 1 到区域 9 的平均时间为 5.86 s，小于 30 s。

对滚球控制系统的发挥部分进行测试，并将数据记录在表 8-2 中。

表 8-2　发挥部分测试结果　　　　　　　　　　　单位：s

测试次数	滚球运动状态										
	区域1→区域2→区域6→区域9				区域A→区域B→区域C→区域D				区域4→区域5→区域9		
	1→2运行时间	2→6运行时间	6→9运行时间	完成动作时间	A→B运行时间	B→C运行时间	C→D运行时间	完成动作时间	4→5运行时间	转圈运行时间	完成动作总时间
1	2.44	3.32	3.85	9.61	7.12	7.32	8.89	23.33	4.12	14.22	18.34
2	2.56	3.55	4.23	10.34	5.22	7.34	13.67	26.23	4.54	15.22	19.76
3	2.77	3.12	3.34	9.23	6.42	7.33	11.46	25.21	5.33	16.11	21.44
平均值	2.67	3.44	3.87	9.77	6.45	7.33	11.22	14.23	4.67	15.34	19.59

数据说明：区域 1 到区域 2 到区域 3 到区域 9 的平均时间为 9.77 s，小于要求时间 40 s；在任意指定的 ABCD 区域，依次到达的平均时间为 14.23 s，小于规定时间 40 s；从区域 4 出发到区域 5 再到区域 9，平均用时为 19.59 s。

4.4　测试结果分析与滚球控制系统的改进

经过观察可得出结论，小球从点到点的速度是足够快的，且精准度也足够，其中最大的困难是将小球停到圆形区域，小球会在区域附件抖动，由此推断控制算法还有待改进，在区域的凹槽的设计上也可以做些修改，凹槽可以再做深一些，这样滚球在已经进入圆形区域后不容易抖出来。

5　总结及感悟

本次滚球控制系统的设计在机械上花了较多的时间与精力，事实证明这部分工作是很有必要的，稳固的机械结构才能更容易控制；在图像处理上优化以前的算法，能更快地识别出小球。

九 大学生科技创新智能实训平台设计

作品设计 尹天浩 麦深 严铮 方琪鸿 毛忆宁

1 摘 要

以深化实验室教学改革为指导，以提高学生的工程创新能力和可持续发展能力为培养目标，依托杭州电子科技大学电工电子国家级实验教学示范中心、电子信息技术国家级虚拟仿真实验中心和全国大学生"小平科技创新团队"，自主研发了适用于电工电子实验教学、学科竞赛集训和开放实验使用的实训平台及配套管理软件。

该平台包括人机交互系统、实验教学套件、智能实验管理系统、通用实验桌四部分。在管理系统完成实验预约的学生，可在预定的时间进行二维码扫码验证，学生信息通过WIFI模块与云端数据库预约信息对比，验证成功后，人机交互系统为实验教学套件提供开机电源，学生进行实验设计，预定时间结束后自动断电。教师通过人机交互系统扫描包含工号信息的二维码后，可对学生的实验设计进行成绩评定。该平台用于创新性实践教学，丰富了实践教学手段，实践模式突破传统班级授课制，满足学生自主控制实验进程的需要，对培养学生创新能力具有非常重要的作用。

关键词： 实训平台；云端数据库；自主；创新实践

1 项 目 方 案

1.1 项目研究背景

目前，互联网等技术发展十分迅速，然而，各高校学生参与实验课程的方式仍然十分传统，传统教学方式产生的各种问题日益凸显出来。因此，把当下发展十分迅猛的互联网技术与学生参与实验课程的方式结合起来，是当代实验课程改革不可避免的趋势。本作品的目的是研发适用于电工电子实验教学、学科竞赛集训和开放实验使用的实训平台及配套管理软件，是使得实验教学走向创新的重要技术保证。鉴于此，探究如何通过当代的新兴技术来优化学生做实验的方式已经成为当前重要的研究课题。

通过前期的调查发现，当前传统的实验教学方式存在的问题分为以下两个方面。

1. 学生方面

学生上课时间固定，使得一些课余时间丰富、想要动手实践的同学缺少参与实践的客观条件，实验室的资源并没有被充分、高效地利用起来，学生在实验的过程中处于十分被动的地位。

在实验的过程中，实验数据的采集和实验报告的撰写过程十分枯燥，往往会花费学生较多的时间和精力，使学生无法专注实验本身，无法领会到实验的精髓。

2. 教师方面

传统的教学使得教师很难直接了解学生的实验情况，因此也无法对每个学生的实验情况进行客观的打分和评价。

本实验平台通过自主实验预约，可以使学生通过课外自主实验，实现对理论的深入理解；通过智能数据采集，打破以往从示波器、扫频仪、万用表等大型测量仪器上手动收集数据的方式，实现数据的自动采集和上传，同时也便于计算机进行多组数据对比分析，避免数据浪费，改善以往测量仪器数据量少的情况。通过生成自动报告，改革了以往学生根据实验中记录的数据手动撰写实验报告的形式，方便老师进行比较、评分，避免因为字迹不清、抄写错误而影响学生的实验成绩。此外，报告格式、实验数据、实验结果均由系统自动采集生成，学生无权修改，确保实验结果真实、可靠。

因此，在这个市场需求逐渐变大的背景下，对实验平台创新项目的研究就具有非常重要的研究意义和市场价值。

1.2 国内实验平台现状

我国的大学教育中，由于受到"重理论，轻实践"思维的影响，实验室在高校中处于辅助地位，未得到应有的重视。实验教学从属于理论教学，定位不准确。仪器设备使用率低，实验室相对封闭，很多只用来进行本专业的验证性实验。实验室的投入经费不足，人才设置不够合理，管理模式相对落后，欠缺评估机制。尽管随着国家教育投入的逐步加大，高校实验室的发展有了长足进步，但是与国外优秀大学的实验室相比，依然有提升空间。

此外，我国的实验课程还是以验证性实验为主，创新性项目较少。另外，国内大学的实验室教学难以或者不会随着工业的发展进行革新，实验内容多年不变。国外大学的实验课程与其国家的工业结合得比较好，实验课程根据内容和受众不同有所不同。

高校一般采取在实验桌上放上各种仪器及学生实验报告单，然后在实验室里完成实验，最后总结实验报告这样一个传统的方式，这种方式不仅耗时长、效率低，而且让学生做实验变成了以完成实验报告为目的的工作，对锻炼学生动手能力和解决问题能力提升不大，且抑制了学生们做实验的热情。

我国高校实验课大部分只允许学生在特定的时间段到实验室里完成实验。从实验室开放管理来看，日本大学的实验室管理值得借鉴。以日本香川大学为例，其实验室布局和设施就很方便开放管理，凸显了管理的科学性和人性化。实验室大门与各个分室都有智能门禁系统，不同的人持有的卡有效期和级别有所不同，全天候开放，不设门卫。另外，进入实验室的学生需要购买实验仪器意外损坏保险，如果发生意外，由保险公司按合同约定负责维修。这样，有效规避了风险，为实验室开放创造了很好的条件。在实验教学中，根据导师不同将学生分成不同的组,实验实行预约制,按时段划分,提高了实验室利用效率。

1.3 项目研究目标及主要内容

1. 研究目标

随着现代科技的发展,时代对当代电子类专业大学生的要求越来越高。实验是培养优秀电子类大学生的重要环节,但是当今的电子类实验教学无论从教学方式上还是从教学仪器上都无法满足当代大学生的学习需要。如何最大化地使学生学到行之有效的知识成为实验教学改革的首要目标。

本作品希望通过人机交互系统实现实验的线上预约、个人信息核对、实验分数评定等功能;通过智能实验管理系统对实验的硬件设备进行管理、自动生成与评定实验报告以及采集与统计实验数据;通过丰富的教学套件给学生提供发挥思维的广泛空间;通过通用实验桌上的电源管理设备对平台的电源进行管理以及通过桌上的视频设备对图像进行实时传输;最后希望将四个分立的系统有机结合形成一个整体,优化实验操作,从而优化实验教学方式,最终提高学生的工程创新能力和可持续发展能力,使学生受益。

2. 主要内容

大学生科技创新智能实训平台包括人机交互系统、智能实验管理系统、实验教学套件、实验桌四部分,结构框如图 9 - 1 所示。

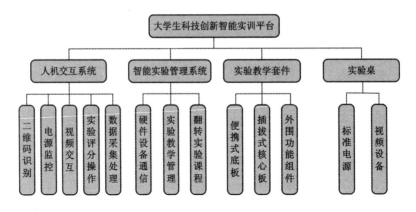

图 9 - 1　平台结构框图

人机交互系统主要由二维码识别模块、语音模块、显示模块以及图形交互界面组成,承担二维码识别、电源监控、视频交互、实验评分操作和数据采集处理等功能。学生通过扫描包含学号信息的二维码进行实验预约验证及实验操作,教师扫描包含工号信息的二维码后对学生的实验操作进行成绩评定。

智能实验管理系统不同于常用的教学管理软件,智能实验管理系统能通过 WiFi 与实验教学套件、视频设备、电源控制模块等硬件设备进行数据通信。系统集成了实验教学、成绩评定和报告管理等功能,能将虚拟仪器采集到的数据直接嵌入到实验报告中,并为用户提供超文本编辑器和实验报告生成向导。同时能满足翻转实验课程的教学要求,提供在线视频学习、课前知识测验、实验讨论、后台大数据统计等功能。

实验教学套件包括便携式底板、插拔式核心板和外围功能组件块三部分。便携式底板提供 3.3 V、5 V、12 V 和 24 V 电源等。插拔式核心板包括 51 单片机核心板、PIC18 单片机核心板、STM32 单片机核心板和 FPGA 核心板，可根据实际需要进行插拔更换。外围功能组件包括物联网开发组件、机电控制开发组件、无线电开发组件、电源学习组件及各类教师自制组件等。

实验桌提供了 220 V 交流电源和 24 V 标准直流电源，方便用户进行选择使用。220 V 交流电源以无引线导轨的形式对外供电，24V 直流电源为各类实验教学套件和实验箱进行供电。每张实验桌配备了视频设备，通过 WiFi 将视频数据传输到管理系统。

2 项目创新特色概述

2.1 自主实验预约

自主实验预约打破以往仅能在固定时间实验的模式，实现实验室 24 小时开放。为学生提供了更加丰富、自由的实验资源，帮助学生实现对理论的深入理解。此外，本平台在预约时还将进行实验相关的"理论测试"，其主要目的是为了确保学生在实验前已经拥有相关知识，节约宝贵的实验资源。

2.2 智能数据采集

智能数据采集在实验中实时、自动进行，相关数据自动上传云端，打破以往手动收集数据的方式，实验台的屏幕可以实时显示相关数据，取代以往实验台的示波器、扫频仪等大型仪器。由于实时、自动采集数据可以方便使用计算机进行多组数据的对比分析，避免数据浪费，改善以往测量仪器数据量少的情况。

2.3 自动报告生成

自动报告生成，改革了以往学生根据实验中记录的数据手动撰写实验报告的形式。统一的报告格式方便老师进行比较、评分。实验报告在实验结束后自动生成，学生仅需要填写实验反思等回顾性栏目，对实验进行相关总结。

2.4 云端教师评分

云端教师评分，辅助实现了 24 小时无人监管实验，实验教师仅仅需要在空余时间，对标准格式的实验报告进行评分。教师仅需登录实验管理系统的网站，即可查看相关学生的实验报告及实验过程，并对学生的实验表现进行评分。

3 项目研究技术路线

3.1 云平台技术实现

1. 实验预约技术实现

参考 Restful API 的设计模式，将功能拆解为微服务，通过进程间通信同步数据。为了实现实验预约技术，在 ThinkPHP 搭建的主服务中设计了多个 API，用于发送数据实现预约状态改变的功能。而服务器与单片机之间使用了基于 node.js 实现的 Http API 服务器，单片机通过 TCP/IP 发送数据包至服务器，API 服务器对该数据包做出响应，从而实现了预约功能。

在数据安全上，由于单片机与服务器通信没有通过校园网，单片机连接的 WiFi 信号也是隐藏 WiFi，没有考虑数据加密，以此实现高效的数据传输。但是在单片机连接时，需使用 Outh2 的方式对单片机身份进行验证，以提高安全性，防止有黑客抓取到数据包后通过发送伪造的 Http 请求而篡改数据。

2. 自动实验报告生成技术实现

选择 markdown 作为页面内报告编辑器的填写方式，并集成了代码高亮截图上传和 latax 等实用功能，便于学生操作。当学生填写完一部分内容后，页面内 js 将会在浏览器的 localstorge 内对应字段(实验编号)内追加存储当前学生填写内容直到进行到最后一项。当学生填写完最后一项内容后，页面内 js 将 localstorge 中的内容追加载入到页面内，通过特定 css 进行修饰，以满足打印需求，最终将其打印为 PDF，实现实验报告即时存储和导出。之后，这部分数据将被存放在数据库内，当教师需要导出时，重复上述操作，即可进行打印。

3. 后台数据库技术实现

数据库部分采用 MySQL 进行构建。在前端可通过调用后端接口对数据库进行查询，对数据进行显示。数据库用 ER 图进行设计，并将其转换为数据表。服务器框架图如图 9-2 所示。

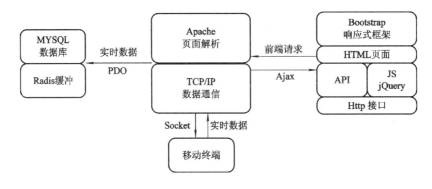

图 9-2　服务器架构图

服务器通过 TCP/IP 协议与地面站通信，通过 PDO 与数据库之间交互连接，通过 http 并由 ajax 辅助与前端页面交换数据，是构建本系统必不可少的部分。PDO 是 PHP DataBase Object 的缩写，是一个高度抽象的数据库对象，将各种数据库指令抽象为统一的函数，当业务量扩张时，整个程序仅需修改 PDO 的 object 名称，而不需要大范围修改程序。

3.2　智能实验桌技术实现

1. 硬件部分

该系统以 STM32 为控制芯片，ESP8266 Wifi 模块实现实验台与云平台的通信，科大讯飞的 XFS5252 语音合成模块为用户提供语音提示，4.3 寸 TFTLCD 电容式触摸屏与用户进行交互，二维码扫描模块 GM-65 用于验证用户身份，继电器用来控制实验台的上电。已在云平台预约的用户可在预定的时间，在预定的实验桌进行二维码扫码验证，学生信息会通过 WiFi 模块与云平台预约信息对比，验证成功后，交互系统为实验台提供 24 V 直流电压，学生可进行实验，预定时间结束后自动断电。交互系统硬件设计图如图 9 - 3 所示。

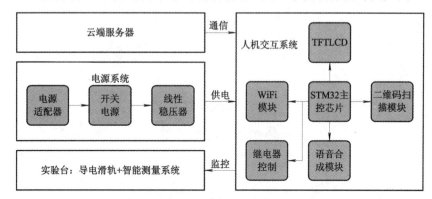

图 9 - 3　用户交互系统硬件设计图

2. 软件部分

实验桌交互系统软件部分以 ucosIII 嵌入式操作系统为基础，结合 STemwin 专业级图形库，包含了实验桌预约信息显示、学生教师身份验证、控制实验箱上电断电、教师打分并数据回传服务器、Wifi、提示音设置等功能，承担着实验前后与学生老师进行信息交互的任务。交互系统软件设计图如图 9 - 4 所示。交互系统 UI 结构图如图 9 - 5、图 9 - 6 所示。

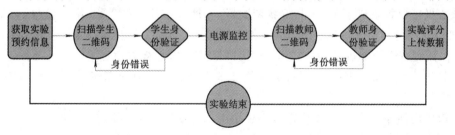

图 9 - 4　用户交互系统软件设计图

图 9 - 5　交互系统 UI 结构图（学生界面）

图 9 - 6　交互系统 UI 结构图（教师界面）

3.3　开发套件技术实现

本产品为便携式智能实验平台模块之一。其安装方便，使用简单，拥有统一且丰富的接口资源；可方便地更改核心板型号、模块类型和数据输入输出接口；可以让用户方便地测量各个接口的输入输出情况。作为实验平台，可以将用户从繁琐的接线、电源适配等底层劳动中解放出来，专注于实验本身。

核心板接口板集成了 J - link 下载调试器，CH340 USB 转 TTL 串口模块，可以使用 USB 接口连接电脑实现供电、代码下载和串口调试等功能。引脚接口矩阵拥有 200 个排针接口，保证所有引脚都可连接。"金手指"接口保证了核心板方便更换、容易插拔且拥有良好的接触导电性。核心板接口板自带一块 2.8 寸触摸屏，可显示图形化界面和数据状态信息。

机电模块使用 12 V DC 座供电以保证功率器件正常使用，使用 L298N 电机驱动芯片，可控制两个直流电机或一个两相步进电机；编码器可读取电机转速，方便控制电机；多个舵机或伺服器使用 PWM 控制，可实现多种功能；模块使用杜邦线连接排针的方式实现与核心板的连接，用户可方便地更改连接方式。

3.4　智能测量技术实现

数据采集装置是一款为实验数据采集并进行分析、显示的智能产品，由 Digilent Analog Discovery 2 和 PC 端组成。Digilent Analog Discovery 2 是一个迷你型 USB 示波器和多功能仪器，可以让用户方便地测量、读取、生成、记录和控制各种混合信号电路。同时可以搭配 PC 端 LabVIEW 软件调用 DIGILENT 智能仪器基础硬件，进行编程控制，设计的 API 函数来自行定制属于自己的智能仪器创新应用及创新仪器用户界面，例如函数信号发生器、电压表、示波器等等，极大提高了工作效率，降低了开发成本，使用起来更加方便。智能测量系统布局图如图 9 - 7 所示。

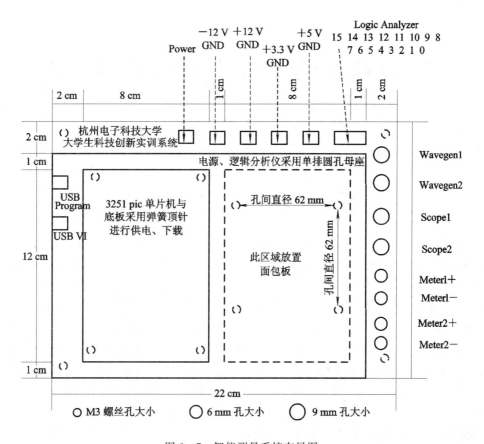

图 9-7　智能测量系统布局图

4　市场应用前景

随着时代的发展，实验室也经历变革，实验室管理工作的复杂性和艰巨性大大增加，对工作的规范性和高效性也提出了更高的要求。传统的实验室管理模式已不再适应，甚至产生了巨大的阻力，暴露出信息滞后和失真、使用效益差、管理效率低等问题。传统实验室的智能化改造已经是大势所趋。智能化实验室是时代发展的必然，智能化的实验室主要从实验室的安全性、人性化等要求进行设计。本作品满足了信息化管理，提高了工作效率；创新实训突破了时空限制，让学生能泛在学习。

十 智能控制的笔记本电脑外置散热器

作品设计 陈春雄

摘 要

本文设计制作了一种智能控制的笔记本外置散热器。该散热器系统上位机(即笔记本电脑)通过串口与下位机(即单片机)通信,以获取笔记本电脑信息和命令,从而控制外置的散热器。上位机采用 VB 编程自制软件系统,通过计算机管理系统 WMI 及时获取 CPU 温度,还可以对下位机及散热器进行控制;下位机通过与串口通信及时获取 CPU 及周围环境温度,并可单独对散热器电动机进行控制,达到最终降温的目的。该散热器设置有三种工作模式:笔记本 CPU 温度超过周围环境温度 30℃;笔记本 CPU 自身温度超过 70℃;强制工作模式,即强制启动散热器。经过测试,散热器启动后可以在 1 分钟内使 CPU 温度降低 15℃;另外该散热器还可以起到清除笔记本内部灰尘的作用。

关键词:智能控制;笔记本散热;清理灰尘

1 引 言

笔记本电脑的硬件设计趋向于集成、轻薄,而越来越紧密的物理结构使得笔记本电脑内部空间更加狭小,在运行过程中会产生大量的热量,使得笔记本内部即使配备了风扇、散热器等散热装置,也不能够达到很好的散热效果,并且使用长时间后内部灰尘堆积,更加影响散热能力。而过高的内部温度可能导致电脑死机或器件损坏,影响使用寿命。

笔记本电脑的散热途径主要包括外壳散热、键盘散热和散热孔散热三种。

外壳散热:所谓外壳散热实际上就是通过笔记本电脑的金属外壳进行散热。铝镁钛金笔记本电脑的外壳散热性能非常好,可使笔记本电脑的散热性能有很大的提高。这一方式还有一大优势,就是可以降低无用的风扇运转,降低电力损耗和噪音,促使系统能够更加稳定,待机时间更长。

键盘散热是在键盘的底部安置一块散热铝板,其和笔记本电脑主板的散热铝板之间相连接,以此把主板部分的散热铝板热量传输到键盘的底部。散热铝板的上部分密集分布着大量的透气孔,热量主要是从这些孔内排出来,在空气内逐渐蒸发。

散热孔主要是安置在笔记本电脑的周围和底部,在运转的时候,内部的热量会从孔内得以排出。其中,一些笔记本电脑还会利用独特的风道导流设计,通过散热孔的位置和内部结构布局，以此形成良好的空气流通。

笔记本电脑散热技术主要包括以下三种。

（1）风冷：实际上就是进行热传导，而传导热的方法主要包括热传递、辐射、对流。目前主要的散热方式是利用镁铝合金外壳、机内金属框架、金属板等载体进行热传导，并以散热孔、键盘对流、散热片等为辅助，进行热对流传导。

（2）水冷：主要是采用水循环和风扇制冷协同工作的方式。其中水冷的工作原理就是在笔记本电脑机体内部的发热部件和散热片周围合理布置注水铜管用于散热。

（3）液冷：此系统主要是在相变的过程中，吸收液体，散发热量，以此实现冷却。典型的热管散热系统主要是由管壳、吸液芯、端盖构成的。

2　系统总体设计

本文设计的智能控制的笔记本电脑外置散热系统包括监测模块，用于监测笔记本及环境温度；风扇模块，用于降温和除尘；通信模块，用于即时读取 CPU 及主板温度，向笔记本电脑发送控制命令启动和关闭风扇；温度传感器模块，用于即时测试笔记本电脑周围环境温度；电机驱动模块，用于驱动较大功率的涡轮风扇，迅速降低 CPU 温度；液晶显示模块，用于显示笔记本电脑及环境温度、风扇工作模式及状态；单片机最小系统，是最为核心的模块，用于监控整个散热系统；笔记本电脑专用可执行程序，用于读取、显示温度、发送控制命令等，图 10-1 为下位机系统方框图。

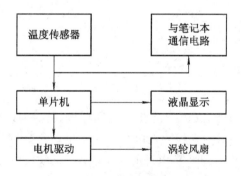

图 10-1　散热器系统方框图

系统通过温度传感器 DS18B20 获取周围环境温度并送到单片机，并通过单片机与上位机笔记本电脑通信，获取计算机 WMI（Windows Management Instrumentation，Windows 管理规范）中 CPU 的工作温度。

主要实现功能及技术指标：

（1）系统设置三种工作模式：模式一，对比两种温度信息，当 CPU 工作温度超过周围环境温度 30℃时，启动散热器；模式二，当 CPU 工作温度达到 70℃时，启动散热器；模式三，强制工作模式，系统可以交由用户控制强制启动散热器，以达到去除灰尘和降温的目的。

（2）系统工作模式、CPU 工作及周围环境温度等信息都可以显示在液晶显示屏上。

3 硬件电路设计

3.1 单片机及外围电路

1. 单片机最小系统及电源电路

系统采用 STM32F103XX 增强型单片机作为主控 MCU，通过 USART1 口及电平转换模块 MAX232 与计算机通信，获取 CPU 温度和控制指令；通过指定 I/O 口与 DS18B20 通信，获取环境温度。STM32F103XX 是意法半导体生产的 32 位的基于 ARM Cortex-M3 内核的增强型 MCU，该 MCU 应用最广泛，相关资料最多，性能可以较好满足本系统需求，而且价格十分低廉。该 MCU 最高工作频率为 72 MHz，支持在单个指令周期内完成乘法以及可以实现硬件除法。其配有 64 KB 的闪存，20 KB 的 SRAM，拥有 2 个 1 μs 转换时间的 12 位分辨率的 AD 转换器，每个转换器各有 10 个输入通道。在与外置模块通信接口方面，该 MCU 有 2 个 IIC 接口，3 个 UART 串口，2 个 SPI 接口等，具体见表 10-1。

表 10-1　STM32F103XX 产品部分功能和外设配置

闪存/KB		64	GPIO 端口	37 个
SRAM/KB		20	12 位 ADC	2 个
定时器	通用	3 个(TIM2、3、4)	ADC 通道数	10
	高级控制	1 个(TIM1)	CPU 主频	72MHz
通信接口	SPI	2 个(SPI1、2)	工作电压	2.0～3.6 V
	IIC	2 个(IIC1、2)	工作温度	−40℃～+85℃
	UASRT	3 个(USART1、2、3)	封装形式	LQFP48

3.3 V 电源由 XC6206P332PR 及滤波电容和共轭线圈构成，电容可滤掉大部分的杂波，使电源相对稳定，其一对共轭线圈在电源电路中可阻止高频信号的串扰，防止电网电源高频波对电路的干扰，提高 3.3 V 电源的稳定度，降低纹波电压。

XC6206P332PR 是一款高精度、低功耗的 3 引脚 LDO 高电压调整芯片，通过激光微调技术控制电压输出，范围从 1.2～6 V，输出最大电流可达 250 mA。

2. STM32 晶振以及复位电路

STM32 高速外部时钟可以使用晶体振荡器产生，典型值是 8 MHz。除了高速外部时钟外，STM32 还需要一个低速外部时钟，该时钟主要给 RTC 时钟使用，也可给工作频率较低的外设提供时钟，一般使用一个 32.768 kHz 的晶体振荡器。根据数据手册，该晶振的匹配电容一般选用 5 pF 到 15 pF 容值的电容。晶振本身的负载电容必须小于等于 7 pF。根据以上设计了本系统的晶振电路，选择了两个 5.1 pF 的电容。

STM32 的复位电路较为简单，因此可直接根据数据手册提供的参考方案进行设计，见图 10-2，与液晶显示屏硬复位同步，可上电复位，低电平有效，也可按复位键复位，需注意的是复位最小时间必须得到保证。

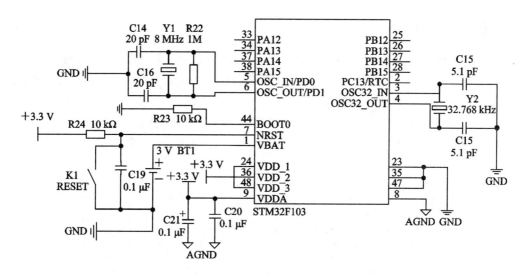

图 10-2 单片机最小系统电路

3.2 STM32 单片机与笔记本电脑串口的通信连接电路

如图 10-3 所示为单片机与笔记本电脑串口的通信连接电路图，USART 通用同步/异步串行接收/发送器口 1 的两个管脚 PA9(USART1_TX)、PA10(USART1_RX)做下位机通信口分别接 MAX232 芯片的 IN 输入与 OUT 输出引脚。JTAG 接口通过 MAX232 电平转换电路，把 3.3 V～0 V 的高-低电平转换成±12 V 低-高，直接与计算机通信。计算机通过这个串口可直接控制单片机和发送命令，并获取单片机的信息。

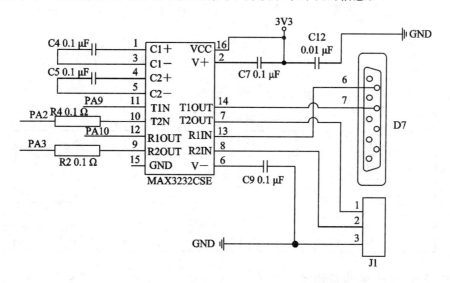

图 10-3 单片机与笔记本(上位机)串口连接电路

另外，对于 PA、PB 等端口，设置 PB 口 16 位与 TFT 液晶屏连接，作为显示屏的数据线，PA 口部分管脚作为显示屏的控制管脚。

3.3　电机及驱动模块

图 10-4 所示为驱动模块连接电路。风扇驱动电路采用了 L298N，其内部包含 4 通道逻辑驱动电路，是一种二相和四相电机的专用驱动器，即内含两个 H 桥的高电压大电流双全桥式驱动器，接收标准 TTL 逻辑电平信号，可驱动 46 V、2 A 以下的电机。L298N 可采用 5～35 V 电源驱动，逻辑电源采用 5～7 V 供电。本设计中采用了外接 12 V 电源和采用 USB 供电 5 V 电源为逻辑电平供电，使其能够达到较大功率，增强散热能力。

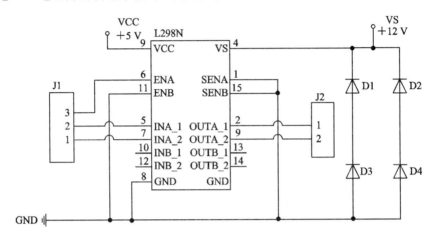

图 10-4　驱动模块及连接电路

通过使能端 ENA、ENB 使能驱动端子，设置 IN1、IN2 或 IN3、IN4 不同的电平使电机工作于不同的状态：正转、反转、制动工作模式；可通过 IN1 或者 IN2 的电平占空比控制电机转速。

本设计采用 GPIOA.0 连接 ENA 使能，GPIOA.1 连接 IN1 接地、IN2 输出占空比可调的周期脉冲电平，从而使电机正转并控制转速。

I/O 逻辑电平与电机工作状态对应关系见表 10-2。

表 10-2　I/O 逻辑电平与电机工作状态

INA_1 电平	INA_2 电平	状态
0	0	制动
1	1	制动
0	1	反转
1	0	正转

3.4　温度采集传感器及电路

为获取笔记本电脑周边环境温度值，需使用温度传感器，本设计采用了 DS18B20 芯片采集周围环境温度，图 10-5 为 DS18B20 的外形及管脚排列图，图 10-6 为温度测量连接电路图。DS18B20 是所谓的"一线器件"。由于此温度传感器在出厂时被编制了唯一的编号，因此，在同一数据总线上可挂载多个传感器，以此来分布式地测试不同区域的温度值，大大提高了应用范围。

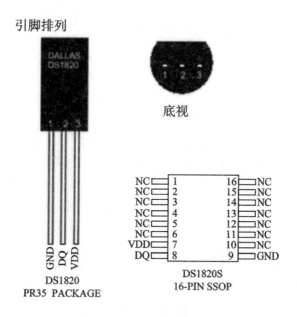

图 10 - 5　DS18B20 的外形及管脚排列图

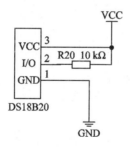

图 10 - 6　温度测量连接电路图

DS18B20 引脚定义见表 10 - 3。

表 10 - 3　DS18B20 管脚说明

16 脚 SSOP	PR35	符号	说　明
9	1	GND	接地
8	2	DQ	数据输入/输出脚,对于单线操作:漏极开路
7	3	VDD	可选的 VDD 引脚(注:当传感器以寄生电源接线时,此引脚接地)

传感器 DS18B20 只有三个引脚,标注的电源脚和接地脚直接接 VCC 和地,数据脚直接与 MCU 相连即可。电路如图 10 - 6 所示,其 2 引脚与单片机 GPIOA.3 相连,作为温度传感器的数据采集端口。

DS1820(16 脚 SSOP):只连接表 10 - 3 提出的引脚。

传感器主要有三个数字元件:64 位只读内存、温度传感器、非挥发性触发器 TH(高温触发器)和 TL(低温触发器)。

DS18B20 数字温度计开机默认十二位数字来标示测得的温度值,也可由用户指定九至十二位数字来表示测得温度值,以此区别测得温度的分辨率,十二位最高,在十二位时分辨率最高可达 0.0625℃,选择九位分辨率为 0.5℃。测得的温度值存储在温度寄存器中,以便随时读取。例如当读得温度值为 0550H,若采用开机默认十二位数字表示温度,则读得的温度值为 +85℃,即十六进制转换为十进制 1360,1360×0.0625＝+85℃。

3.5 液晶显示模块

TFT-LCD 即薄膜晶体管液晶显示器。由于 TFT-LCD 操作时序和 SRAM 控制完全类似,唯一不同的是,TFT-LCD 没有地址信号,而是通过 RS 命令和数据选择管脚来判断传送的数据是命令还是数据。采用 STM32 的 FSMC 接口与液晶显示屏并行 16 位接口通信,可大大提高读取效率。利用显示屏显示的内容包括散热模式、风扇使能、风扇速度、CPU温度、出风口温度等。

LCD 有如下控制管脚:LCD_CS,片选信号;LCD_RS,命令和数据选择(0,读写命令;1,写命令);LCD_WR,写入数据;LCD_RD,读取数据;D[15-0],数据 16 位双向数据线;RST,硬复位;BL_CTR,背光处理信号。

4 软 件 设 计

本系统软件模块较多,主要包括主程序、单片机与笔记本通信子程序、温度传感器模块、电机驱动子程序、液晶显示子程序等。

4.1 上位机程序设计及界面

本设计中的上位机通过 Visual Basic(VB)编写完成。Visual Basic 是一种由微软公司开发的包含协助开发环境的事件驱动编程语言。程序员可以轻松使用 VB 提供的组件快速建立一个应用程序,界面如图 10-7 所示,包含串口的设置、散热模式的选择以及从下位机中获取的风扇工作状态信息。工作时,打开串口,设置好串口的各个参数,并使能风扇,选择散热模式,可选择手动调节(手动开启风扇)或智能调节,通过与下位机的串口通信,获取 CPU 温度值和出风口温度值。

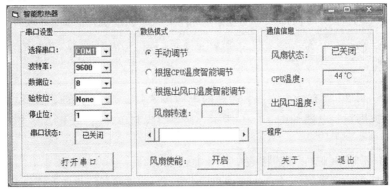

图 10-7 上位机(笔记本)工作界面

4.2 CPU 温度获取

WMI 是 Windows 2K/XP 管理系统的核心，是一个描述操作系统构成单元的对象数据库，为 MMC 和脚本程序提供了一个访问操作系统构成单元的公共接口。

VB 中通过检索 WMI 中的 MSAcpi_ThermalZoneTemperature 类，查找其中数据成员 CurrentTemperature，随后通过公式 CPU_Temperature =（CltItem. CurrentTemperature − 2732）/ 10 计算得出当前 CPU 温度。但由于该数据更新只发生在开机时，而开启 SpeedFan 软件可以使得 WMI 中 CPU 温度数据不断被刷新。在 VB 中运用 Timer 定时器定时读取该数据，从而获取实时 CPU 温度。

附程序如下：

```
Private FunctionCPU_Temperature() As Integer
    Dim WMIsvc As Object
    Dim CltItems As Object，CltItem As Object
    Dim Q As String
    Set WMIsvc = GetObject("winmgmts：\\. \root\WMI")
    Q = "SELECT * FROM MSAcpi_ThermalZoneTemperature"
    Set CltItems = WMIsvc. ExecQuery(Q，，48)
    For Each CltItem In CltItems
        CPU_Temperature = CltItem. CurrentTemperature
    Next
    CPU_Temperature =（CPU_Temperature − 2732）/ 10
    SetCltItem = Nothing
SetCltItems = Nothing
```

4.3 散热模式设置

散热模式设计中设有风扇使能按钮并有三种散热模式，分别是：手动调节模式、根据 CPU 温度智能调节模式和根据出风口温度智能调节模式。

风扇使能按钮通过改变风扇使能位，通过串口通信发送至单片机，改变 GPIOA. 0 电平高低进而改变 L298N 使能端电平，达到控制电机开关的效果。

通过单选按钮可以切换三种散热模式：手动调节模式，根据 CPU 温度智能调节模式，根据出风口温度智能调节模式。手动调节模式可通过拉动滚动条改变风扇速度值，根据 CPU 温度智能调节模式将当前 CPU 温度与风扇转速相对应，风扇速度值等于 CPU 温度值；根据出风口温度智能调节模式是通过获取 DS18B20 传感器所采集温度，风扇速度值等于该温度乘上比例系数 2；通过串口将风扇速度发送至单片机并转化为 PWM 占空比，进而控制电机的转速。

4.4 串口通信

本设计中利用 VB 中 MSComm 控件可以很方便地与单片机进行串口通信。对该控件的串口号、波特率、数据位、验校位、停止位在 VB 界面中设计下拉选项就能快速进行设置。下面列举在本设计中涉及的几个常用属性。

Commport：设置或返回串口号。

Settings：以字符串的形式设置或返回串口通信参数。

Portopen：设置或返回串口状态。

Inputlen：设置或返回一次从接收缓冲区中读取字节数。

InBufferSize：设置或返回接收缓冲区的大小，缺省值为 1024 字节。

Rthreshold：该属性为一阈值。

Output：向发送缓冲区发送数据，该属性设计时无效，运行时只读。

Input：从接收缓冲区中读取数据并清空该缓冲区，该属性设计时无效，运行时只读。

在程序运行中，通过定时器每隔 1 s 向单片机发送 4 项数据：风扇使能、散热模式、CPU 温度、风扇速度。而单片机也每隔 100 ms 向上位机发送 DS18B20 采集的温度数据。

4.5　PWM 输出

在设计中使 GPIOA.1 输出 PWM 波，借助库函数对 PWM 初始化，步骤包括：

（1）开启 TIM2 时钟以及复用功能时钟，配置 PA1 为复用输出。

（2）设置 TIM2_CH2 重映射到 PA1 上。

（3）初始化 TIM2，设置 TIM2 的 ARR 和 PSC。

（4）设置 TIM2_CH2 的 PWM 模式，使能 TIM2 的 CH2 输出。

（5）使能 TIM2。

本设计中，TIM_TimeBaseStructure.TIM_Period ＝ 900；

TIM_TimeBaseStructure.TIM_Prescaler ＝ 0；使得 GPIOA.1 输出频率 7200/900＝8 kHz；

在主函数中调用 TIM_SetCompare2（TIM2，uint16_t Compare2），改变 Compare2 值便可以控制 PWM 输出频率。

通过调节波形的占空比，提高电机的驱动平均电压，从而可提高电机转速，加快降温；反之，降低占空比，降低了电机转速，使得降温速度减慢。调速可根据实际情况灵活输出一定的占空比的周期波形。

4.6　DS18B20 温度采集

STM32 读取 DS18B20 温度数据的过程中，首先将 GPIOA.3 端口时钟使能并配置为推挽输出。根据 DS18B20 的协议规定，微控制器控制 DS18B20 完成温度的转换必须经过以下 4 个步骤：DS18B20 初始化、ROM 操作命令、存储器操作命令、处理数据。以下是一般的读取温度的流程：

（1）主机发出复位操作并接收 DS18B20 的应答（存在）脉冲。

（2）主机发出跳过 ROM 操作命令（CCH）。

（3）主机发出转换温度操作命令（44H）。

（4）主机发出复位操作并接收 DS18B20 的应答（存在）脉冲。

（5）主机发出跳过 ROM 操作命令（CCH）。

（6）主机发出读取 RAM 的命令（BEH）。

另外，为使得掉电后数据不易丢失，可通过命令（43H）把 RAM 中的数据读入

EEPROM 中，上电后可直接通过命令(E3H)从 EEPROM 中读取掉电前的温度值。编写程序时，要严格按照时序图设置延长时间。在向外输出显示温度时，应该按照一定的计算公式还原出温度值，若温度为零度以下还需要添加一个负号。

先读取低字节后读取高字节，按照高字节最高位判断温度正负，若最高位为 1 表示温度为负，对两个字节做取反操作；为 0 保持不变，随后进行温度转换。转换公式为

$$实际温度=(float)16\ 位数据×0.625$$

DS18B20 测温流程如图 10-8 所示。

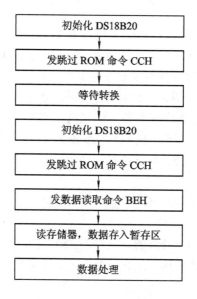

图 10-8 温度读取流程图

4.7 LCD 液晶显示

LED 液晶显示流程如图 10-9 所示。在程序运行中，TFTLCD 每隔 100ms 刷新显示数据，包括散热模式、风扇使能、风扇速度、CPU 温度、出风口温度等信息，让用户直观地了解散热情况。

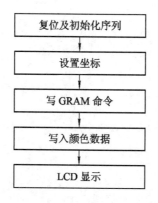

图 10-9 液晶显示程序流程图

本设计运用 Keil-MDK 集成编译环境进行单片机程序设计，MDK 是一个集代码编辑、

编译、链接和下载于一体的集成开发环境（KDE），并且运用 STM32 库函数能使编程设计更加方便快捷。

STM32 库是由 ST 公司针对 STM32 提供的函数接口，即 API（Application Program Interface），开发者可调用这些函数接口来配置 STM32 的寄存器，使开发人员得以脱离最底层的寄存器操作，具有开发快速、易于阅读、维护成本低等优点。

5　焊接、调测及组装

本系统含有 48 管脚的贴片芯片和较多的贴片器件，焊接时可先焊接好主芯片（单片机）和最小系统、电源电路及保护电路，可在最小系统中测试电路的各个参数，以确保这部分电路设计及 PCB 正常；通过焊接好编程下载电路，并通过预留的测试点进行在线测试波形，确保主 CPU 能正常工作；测试点包括各个电源、各个串口以及一些特殊位置点的电压和信号测试；逐步焊接各个功能电路并逐一测试其工作状态，确保系统正常。

组装包括一些机构件和机械件，例如，电路各个接口、电路板的固定、风扇的安装。通过最后的调试和组装，最终完成了系统的安装和调测，并记录下了几组数据。

6　结　　论

本设计在实际散热测试中，最多能达到降温 15℃ 的效果，并可选择多种模式灵活适应不同环境的需要。采用抽风式散热，有效减少笔记本电脑内部的灰尘堆积，减少高温对笔记本电脑内部器件的影响。

同时，该智能散热系统还存在不足，主要有三方面，第一方面，风扇散热期间响声较大，造成噪声污染，可以考虑改进涡轮风扇物理结构或添加润滑剂减少噪音；第二方面，成本较高，在推广成商品时，可以适当降低硬件配置，例如采用较为便宜的单片机以及液晶显示；第三方面，在采集 CPU 温度时，依赖第三方软件，可改进采用 C♯ 编译上位机，独立从硬件中读取温度信息。

十一　车辆定位监测系统的设计及实现

作品设计　陈思莹

摘　　要

本作品主要设计制作一款车辆定位监测系统，该系统可实时定位车辆的位置，可定位电瓶车及人。该车辆定位监测系统通过 GPS 获取位置信息，并通过 GSM 手机卡即时发送车辆的位置信息到手机，再通过百度地图 SDK 实现在手机地图上的定位。

该系统包括下位机和上位机两个部分，下位机由单片机模块、GPS 模块、GSM 模块、液晶显示模块和电源模块以及外围电路构成；上位机则是一台 Android 手机，通过借助 APP 开发系统，可借用手机硬件平台完成与下位机的通信和数据的处理，并最终完成在百度地图上的位置显示。

本系统保证了定位的准确性和实时性，通过直观的画面显示，加强了用户体验。

关键词：GSM；定位技术；百度地图；Android

1　引　　言

随着社会的不断发展和人们生活水平的不断提高，汽车/电动车已然成为了人们生活中不可缺少的交通工具。

自 20 世纪 90 年代起，我国制定了数字蜂窝移动通信系统研究规范，GSM（Global System for Mobile Communications，全球移动通信系统）技术发展迅猛，现已成为我国目前发展最成熟，并且市场占有量最大的一种数字蜂窝移动通信系统。GSM 系统有着成本低、用户市场基数大等的特点。在我国，GSM 基站密度很高，在国内主要城市的城区定位的精度可以达到 100～150 m。用户可以通过全球移动通信系统（GSM）网络发送最多 160 个字符的短信，提供了简便又流行的短信服务。它已成为世界上最广泛使用的数据应用。此外，大多数运营商为这项功能收取最低的费用。再加上 GSM 蜂窝网络遍布全球，并且在国内广域覆盖，车辆定位监测系统能够在世界上大多数地方进行使用。

另一方面，随着近年来移动互联网和智能终端的普及，经过几年的尝试和发展，智能手机在我国的渗透率已经超过了 90%，其中安卓系统占据智能手机系统市场的 80% 以上。在这样的背景下，结合定位与地图于一身的定位系统应运而生，同时也向着个性化、人性化的方向发展。

　　远程车辆跟踪系统在市场上投入使用已经有一段时间。他们的表现也可圈可点，可以实时追踪车辆的位置。但是，目前系统仍然有一些不足之处有待改善。

　　本设计采用定位系统和百度地图结合的方式对车辆位置进行监测，采用开放性强的Android 平台进行开发。本系统具有可视化、精度高等特点。主要从信号处理部分来实现车辆定位监测系统，每次定位能精确显示一段时间内车辆的位置情况。该系统简单实用，既能得到车辆的经纬度坐标，又能将位置精确地显示在地图上供用户查看，初步完善了车辆定位监测系统。

2　总 体 设 计

2.1　系统总体设计

　　车辆定位监测系统设计以实现位置的准确定位和信息转换、传输为主要目的，以信息的检测，数据的传输、转换和定位为主要设计内容。

　　在信息的检测方面，Android 会把短信存储在数据库中，可以通过 Content Provider 访问数据库；在数据的传输和转换方面，主要是对短信内容进行切割处理，使其变成地图可识别的格式；在定位问题的相关处理方法上，根据对百度地图 Android SDK 的分析和理解，确定了相关的 SDK 使用方案。

　　车辆定位监测系统同时也是智能交通系统的一个组成部分。该系统包括上位机（手机APP）和下位机设计（车辆定位、信息发送）。如图 11-1 所示，负责定位的下位机会在一段时间内向预置的电话号码发送带有车辆当前经纬度坐标的短信，通过对百度地图的二次开发，将位置信息显示在界面上。

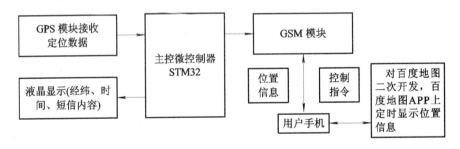

图 11-1　车辆定位监测系统原理图

　　其中，下位机（硬件）包括 GPS 模块、显示模块、GSM 模块、STM32 单片机最小系统等。

　　上位机包括短信接收及处理、UI 设计、地图定位等。

2.2　系统实现主要功能及技术指标

　　(1) 车辆 GPS 定位，精度约 20 m。

　　(2) 地图即时定位及 APP 显示。

（3）系统基于 GSM 通信。

3　硬件系统设计

车辆定位系统包括车辆定位系统（硬件和软件）——下位机，如图 11-2 所示为硬件系统方框图；手机 APP 系统（手机 APP 及硬件支撑）——上位机，如图 11-3 所示为软件流程图。

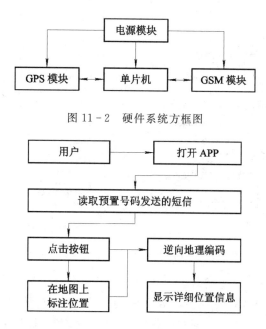

图 11-2　硬件系统方框图

图 11-3　上位机软件流程图

下位机实现对车辆位置信息获取、数据处理、与上位机的通信，包括单片机模块、GPS 模块、GSM 模块、电源模块、按键等辅助模块。

手机 APP 包括 UI 设计、短信读取、地图 API、地图信息处理及显示等模块。

1. 单片机最小系统设计

单片机作为硬件系统的大脑和控制中心，选择合适的单片机非常重要。选择单片机需要满足性能、习惯、价格等多方面因素。市场上常见的 51 系列、STM32 系列、PIC 系列、MSP430 系列等单片机较早进入校园。其中 STM32 单片机接口丰富、封装类型较多、片内资源丰富、低功耗，最关键的是内置 ARM 内核以及可使用的开发资源众多，为大学生所喜欢使用的单片机系列之一。本设计中单片机采用的是 STM32F103，其具有多个USART、IIC、SPI 接口，能满足外接多个外置设备的需要。该单片机采用了三组不同的时钟，以提供给不同的模块和外设使用，可满足降低功耗和维护性能平衡的需要；该单片机有高达 72 MHz 工作的主频，足够的 I/O 口资源、AD/DA、64K 的闪存等片内资源。外接24C02，采用 SPI 同步串行接口，用以掉电保护。单片机最小系统及部分接口连接电路如图11-4 所示。

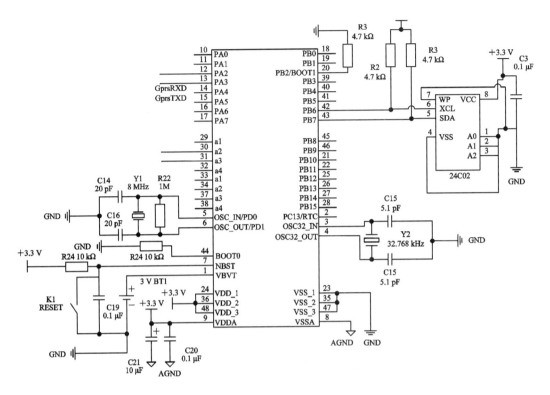

图 11-4　单片机最小系统及存储模块电路

2. GSM 模块电路介绍

市场上可选的 GSM 模块较多,常见的有 SIM900A(alientek),TC35i(西门子)、MG2618(中兴)、EM310(华为)、M26(移远)等,这些模块大多支持单模双频,提供短信和电话、流量、定位等服务,可根据实际情况和个人爱好选择。其中 SIM900A 价格合适,功能齐全,可参考的资料较多且使用成熟。

本系统采用 SIM900A 模块,成本较低、封装较小、耗能也不高。供电要求为 5 V,计算机调试初期,USB 供电就可以满足要求。此外,为满足手机卡瞬时功耗的要求,增加了1000 μF 的自举电容。TTL 电平串口自适应兼容 3.3 V 和 5 V 单片机,可直接连接单片机,待机在 80 mA 左右,可以设置休眠状态,在 10 mA 左右低功耗,复位排针引出,可实现现场无人值守进行远程复位,其 DTMF 功能可实现远程遥控功能。

由于 GSM 模块工作在 1 GHz 频段,在没有给定 Gerber 文件或 PCB 图的情况下,需要有较好的射频工程师布局和布线,还需要阻抗匹配,有一定的难度。因此,GSM 模块采用直接购买成品模块的形式实现与单片机串口直接通信。图 11-5 所示为 GSM 模块及天线的实物图。

GSM 模块采用 5 V 的直流电源供电,其与单片机最小模块扩展 6 个管脚的 PIN 口连接,单片机的 GA2、GA3 分别与 GSM 模块的 RXD、TXD 连接,PB13、PC14 分别连接GSM 模块的状态位及电源控制管脚,其余两个管脚接电源及地。RF 管脚为外接天线管脚(此模块预设有 IPEX/IPX 天线接口,将 GPS 外接天线利用 SMA 转 IPX 转接线接到 IPX天线接口上),SYNC 为指示灯外接电路管脚。SIM900A 管脚 30~34(SIMVCC、SIMDATA 、

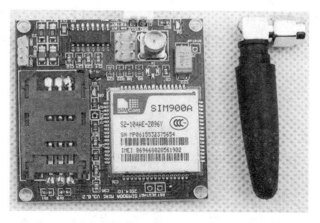

图 11-5　典型 GSM 模块

SIMCLK、SIMRST)与 SIM 卡管脚连接。POWKEY 管脚可控制 GSM 的工作状态,从而可有效降低 GSM 模块非工作状态的功耗。

3. GPS 模块介绍

市场上的 GPS 模块较多,而且大多 GSM 模块内置 GPS 及 GPS 天线接口。常见支持 GPS 的国外商家很多,例如美国 SiRF(瑟孚)、GARMin(高明)、摩托罗拉、索尼、富士通、飞利浦、Nemerix、uNav、uBlox 等,市场上 GPS 主流产品基本都采用了美国瑟孚芯片。国内也有做得比较好的 GPS 技术服务商,例如东方联星,较早开发出了 GPS 模块,并同时支持 BeiDou、GPS 及 INS 定位系统。目前北斗定位系统已日趋完善,越来越多的 GPS 模块兼容北斗系统,例如东方联星 CC50E-BG 就同时支持三种导航系统定位。定位系统工作时大多支持冷启动、暖启动和热启动,定位时间在几十秒到 1 秒钟不等,定位距离也有区别,大多在几米的范围内。GPS 模块大多支持 NMEA0183 协议。本设计采用了 uBlox 德飞莱 NEO-6M 芯片集成的 GPS 模块。该模块采用串口与单片机通信,只预留了四个管脚,分别是 VCC、GND、TXD、RXD,如图 11-6 所示为购置的 GPS 模块。该模块同样通过 PIN 口与单片机连接并通信,其 TXD、RXD 分别连接 STM32 单片机管脚 PA9、PA10。

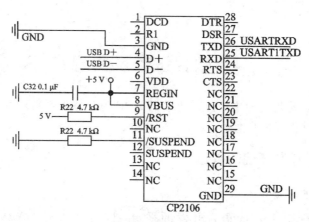

图 11-6　GPS 模块

4. USB 编程下载电路设计

如图 11 - 7 所示，采用串口连接方式，使用 USB 口转串口，并通过串口完成对 STM32 单片机的下载工作。

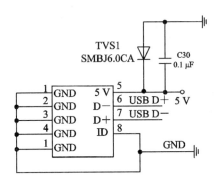

图 11 - 7　USB 编程下载电路

5. 电源模块设计

电源模块设计采用了电压调整芯片，电路非常简单，可对外提供 3.3 V 的输出电压，电流可达 200 MA 左右，如图 11 - 8 所示。电源模块：整个系统使用了 5 V 电源(可使用车载 USB 电源)，使用 USB 接口供电。系统中的大多芯片支持 5 V 电源直接供电，为降低功耗，系统除 GSM 模块采用了 5 V 电源直接供电外，其余芯片及模块均使用了 3.3 V 电源，其由一块 5 V～3.3 V 电源管理芯片实现。

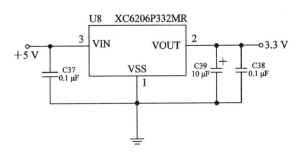

图 11 - 8　5 V～3.3 V 电源转换图

4　软件设计及实现

车辆定位监测系统是一种集定位器与手机 APP 为一体的系统，主要实现的功能是准确地显示车载定位器发送的位置。

4.1　上位机程序开发环境的搭建

1. Android 开发环境介绍

Android 是一种基于 Java 语言开发的平台，同时还需要 DALVIK 虚拟机。由于 Android 是基于 Java 语言进行开发的，Google 公司推荐的开发工具是 Eclipse。另外，

Android 也具有跨平台的特性，可以在 Windows、Linux、Mac 任何一种系统上进行开发。从实际情况出发，本设计选择了 Windows 操作系统，INTELLIJIDEA 开发工具，由于 Android 具有基于 Java 语言的特性，所以它还需要安装配置环境 JDK（Java Development Kit，Java 语言开发工具包），并且需要通过安装配置 SDK（Software Development Kit，软件开发工具包）来提高 Android 开发的效率，减少开发时间。Android 的开发要求 JDK 的版本为 1.7 以上，基于系统的适配性考量，选择了 JDK1.7 作为开发环境的 JDK。而在业界被誉为最好用的开发工具之一的就是 INTELLIJ IDEA 开发工具，它在智能代码助手、重构、代码自动提示、代码分析、J2EE 支持和各类版本工具（git、SVN、GITHUB 等）整合等方面都具有超乎平均水平的功能。

选择了合适的开发工具并配置好正确的开发环境，就可以进行开发了。

2. Android 工程项目的介绍

在程序的开发阶段，首先确认了本次车辆定位监测系统的工程名为 MaPa，然后根据程序的设计，建立了 MaPa 工程。MaPa 工程的源代码结构如图 11-9 所示。

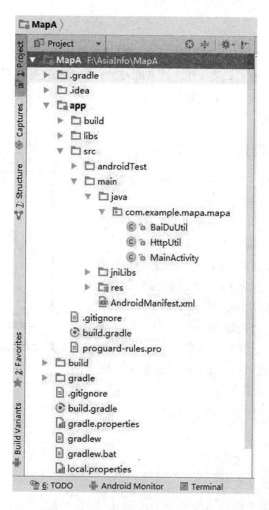

图 11-9 车辆定位监测系统工程

以下是对使用 INTELLIJ IDEA 开发 Android 工程各个模块的说明。

在 INTELLIJ IDEA 中的 SRC 文件夹中保存着项目的源代码，在 res 文件夹中保存着所需的菜单、布局文件、字符串、图片及其他辅助信息的外部资源。为了使项目具有更好的扩展性，通常用 Android Manifest. XML 文件替代。Android 应用程序清单文件是必需的，一个 XML 文件必须位于列表项目的根文件夹下的 Android Manifest. XML 文件中。清单声明包含名称和版本以及所需的最低版本的 Android SDK 设备运行应用程序。这可以防止应用程序安装在一个不受支持的设备中。清单还指出，应用程序需要依赖于用户和权限系统组件的列表。

INTELLIJIDEA 为 Android 项目提供了非常简单的用户界面布局，UI 布局文本被定义在 res/layout 文件夹下的 activity_main. XML 文件中。在添加图片视图部件时，需要将在项目视图右边选择的 image View 组件拖拽到指定位置，再在 res 文件夹下添加 drawable 文件，才能实现物理图像的添加。同 image View 组件一样，text View 组件可以创建新的文本资源，text View 组件的文本设置在 res/values 的文件夹中，可以根据需要编辑其中的关于颜色、字符串、样式和尺寸的相关设置。

3. Android 模拟器

程序的开发需要调试，只有经过调试的程序才能确保顺利运行。AVD（Android Virtual Device，Android 运行的虚拟设备）也就是 Android 模拟器，它是一种可在 Windows 或者是 Linux 系统上模拟 Android 系统进行调试和开发的程序。INTELLIJ IDEA 可以集成任意版本的 Android 模拟器。

4.2　APP 用户界面设计

根据需求分析，设计了相关用户界面，这里简单介绍各个模块的相应功能。

根据设计，只实现了一个主页面，并且在主页面中导入地图。另外，添加了"设置位置"的 Button 按钮，当用户单击该按钮时，会触发任务，将已读取的预置的电话号码中最新的一条位置短信（其代表位置的经纬度坐标表示的位置）以图形的形式标注在地图上，然后通过逆向地理位置编码，将详细的位置信息显示在页面下方的文本框中。

由于开发者本人对于 Android 界面的相关优化还不是很熟悉，所以页面部分略显粗糙。

图 11-10 是本系统的设计界面草图。

图 11-10　用户界面草图

4.3　上位机程序设计

1. 上位机详细设计及实现

在 Android 程序开发中，一个 Activity 代表一个页面，在本系统中，创建的 Main Activity 作为主页面，页面相关的 UI 设置在 activity_main. XML 中实现，同时在 Android

Manifest. XML 中定义相关的权限。

在本系统设计中，为了实现车辆定位监测的需求，主要的功能模块有四个，分别是短信读取模块、经纬度处理模块、地图处理模块、按键处理模块。其中，按键处理模块也是位置处理模块，是本次系统设计的核心。

2. 短信读取模块

本模块的具体功能为：当用户打开手机 APP 时，系统直接读取手机短信箱内预置的下位机号码发送过来的位置信息。

本模块的功能实现起来比较简单，Android 系统会把手机短信都保存在数据库中，虽然不能直接访问数据库，但是可以通过 Content Provider 来访问它。

Android 中读取短信的文件的功能有：

（1）读取全部短信。

　　public static final String SMS_URI_ALL ＝ "content：//SMS/"；

（2）读取收件箱短信。

　　public static final String SMS_URI_INBOX ＝ "content：//SMS/INBOX"；

（3）读取发件箱短信。

　　public static final String SMS_URI_SEND ＝ "content：//SMS/sent"；

（4）读取草稿箱短信。

　　public static final String SMS_URI_DRAFT ＝ "content：//SMS/draft"；

基于程序设计，本系统采用的是以读取全部收件箱短信（即定义一个 final 类型的字符串"content：//SMS/INBOX"）的形式来获取预置号码发送的短信内容。

另外，Android 读取手机短信时，需要在 Android　Manifest. XML 中设置 Android 的接收和读取手机短信的相关许可，具体代码如下：

　　＜！—接收短信权限——＞

　　＜uses－permission android：name＝"android. permission. RECEIVE_SMS" /＞

　　＜！—读取短信权限——＞

　　＜uses－permission android：name＝"android. permission. READ_SMS" /＞

手机短信 SMS 的主要结构如表 11-1 所示。

表 11-1　SMS 短信的主要结构

结　　构	含　　义
_id	短信序号，如 100
address	发信人地址，如＋8615957112097
person	发信人名字，如果未储存则为 null
body	短信的文本内容
date	短信的发送日期
type	短信类型，1 表示已收到的短信，2 表示已发出的短信
date DESC	表示按日期的降序排列，即读取最近收到的短信

3. 经纬度处理模块

由于从下位机读取到的经纬度信息的短信是"纬度，经度"的字符串的形式，所以需要对得到的字符串 STR 进行处理。在此，程序调用了 Java 的 split(string string)的方法来拆分以逗号为分隔的经纬度坐标。具体代码如图 11-11 所示。

```java
private double getXLocation(String str) {//获得纬度坐标
    String[] add = null;
    add = str.split(",");
    double a = Double.parseDouble(add[0]);
    return a;
}

private double getYLocation(String str) {//获得经度坐标
    String[] add = null;
    add = str.split(",");
    double b = Double.parseDouble(add[1]);
    return b;
}
```

图 11-11 经纬度处理模块代码

4. 地图处理模块

在地图的选取方面，目前主流的地图系统有 Google 公司推出的 Google Map，高德软件公司的高德地图，百度公司的百度地图，以及腾讯地图和搜狗地图等。综合考虑，选用了使用百度地图作为加载地图，百度地图的 Android SDK 共有 6 种选择，分别是：Android 地图 SDK、Android 定位 SDK、Android 鹰眼轨迹 SDK、Android 导航 SDK、Android 导航 HUD SDK、Android 全景 SDK。根据具体的性能分析，确认了使用百度基础地图的 Android SDK，获取的是 BAIDU Map API_base_v3_7_3 版本的 jar 包。

在使用百度地图 SDK 提供的各种功能之前，需要先注册成为百度的开发者，然后获得百度地图的开发者密钥。无论程序是在模拟器还是真实设备上运行，都需要使用这个密钥。该密钥的创建与系统开发创建的应用的工程名和包名都有关，需要找到一个位置保存证书密钥库调试，并获取证书的 MD5 散列值。KEYSTORE 是一个密码保护文件，Android 提供的用于调试的证书都存放在这里。可以使用 CMD 指令先打开一个命令行工具，然后转切到存储 KEYSTORE 的目录，输入指令"KEYTOOL - list - KEYSTORE debug. KEYSTORE"，获取 Debug 证书 MD5 散列值。也可以通过下载相关手机软件来获取该散列值。这个 Debug 证书 MD5 散列值为申请密钥时所需的必填项"发布版 SHA1"的信息。对于申请到的每一个密钥，对应创建的每一个应用。在配置百度地图 SDK 的开发环境方面，需要把下载到的 demo 工程中的 so 文件复制粘贴到工程文件的 LIBS\ARMEABI 目录下。

在制作定位 APP 之前，首先要加载出百度的基本地图。根据百度地图 API 开发中心的参考文档，需要先在 Android Manifest. XML 中添加开发者密钥和百度地图相关权限等信息，其中，添加获取百度地图 SDK 的相关权限如表 11-2 所示。其次，需要在 activity_main. XML 文件中定义加载地图控件 Map View，然后需要在程序初始化时创建全局变量，最后要创建管理地图生命周期的相关 Activity。每一个 Activity 通常会负责处理一个屏幕的内容(包括界面、菜单、弹出对话框、程序动作等)，可以将 Activity 看成"MVC 模式"中的"Control"。Activity 负责管理 UI(User Interface，用户界面)，并接受事件的触发。相关代码如图 11－12 所示。在程序的设计分析中，确认使用默认的标准百度地图，其相关定义在代码中表现为调用百度地图的 set Map Type()方法来引用一个 MAP_TYPE_NARMAL 的基本地图。其中，on Destroy()方法表示销毁时同时销毁百度地图控件；on Resume()方法表示恢复时同时恢复百度地图控件；on Pause()方法表示暂停的同时暂停百度地图控件。

表 11－2　百度地图相关权限介绍

ACCESS_COARSE_LOCATION	用于进行网络定位
INTERNET	访问网络，网络定位需要上网
CHANGE_WIFI_STATE	用于获取 WiFi 的获取权限，WiFi 用来进行网络定位
ACCESS_WIFI_STATE	访问 WiFi 网络信息，WiFi 信息用于进行网络定位
WRITE_EXTERNAL_STORAGE	写入扩展存储，向扩展卡写入数据，用于写入离线定位数据

```java
//获取地图控件引用
mMapView = (MapView) findViewById(R.id.bmapView);
btnSet = (Button) findViewById(R.id.btn_set);//绑定UI中的控件
mBaiduMap = mMapView.getMap();
mBaiduMap.setMapType(BaiduMap.MAP_TYPE_NORMAL);

@Override
protected void onDestroy() {
    super.onDestroy();
    //在activity执行onDestroy时执行mMapView.onDestroy()，实现地图生命周期管理
    mMapView.onDestroy();
}

@Override
protected void onResume() {
    super.onResume();
    //在activity执行onResume时执行mMapView. onResume ()，实现地图生命周期管理
    mMapView.onResume();
}

@Override
protected void onPause() {
    super.onPause();
    //在activity执行onPause时执行mMapView. onPause ()，实现地图生命周期管理
    mMapView.onPause();
}
```

图 11－12　管理地图生命周期相关代码

5. 按键处理模块

在设计图中，本系统添加了一个点击后显示位置信息的 Button 组件。在按键执行的过程中，程序进行了经度和纬度坐标的转换，并在地图上进行显示位置和显示位置详细信息等一系列操作。此按键为本系统的主要功能按键，获取的详细位置信息则由 Text View 组件接收。为该按键的点击事件设置了监听，使其可以在点击的同时执行定位的相关程序。同时使用 Log 类的 i 方法来在控制台观察短信的读取情况。关于 Log 类的相关用法见表 11－3。

表 11 – 3   log 类相关用法

程序代码	英文意义	中文意义
Log. v	VERBOSE	详细信息
Log. d	DEBUG	除错信息
Log. i	INFO	通知信息
Log. w	WARN	警告信息
Log. e	ERROR	错误信息

在按键监听模块中，set Location(double x，double y)方法表示在地图上标注当前的位置信息。具体执行流程为：定义并且在地图上构建标记坐标点，然后构建 Marker Option，在地图上添加标记坐标点，最后在地图上显示此标记坐标点。

另一方面，get Detail ADDR(double x，double y)方法表示获取该位置的详细位置信息，即为逆地址解析模块。在本项目中，需要通过连接服务器来获取所在经纬度的详细地址信息，必须要通过联网来获取网络上的数据才能实现，在软件设计中使用 AJAX（Asynchronous JavaScript And XML，异步的 JavaScript 和 XML）的方式进行数据的交互，使用这种技术一方面可以减少流量的使用，另一方面还可以通过以快速的加载速度来增强用户体验。可以使用 Apache 提供的 HTTP Client 类来实现 HTTP(Hyper Text Transfer Protocol，超文本传输协议)协议中的 POST、GET、PUT、HEAD 等方法，考虑到传输数据的便捷性，选择调用 HTTP Get 来发送 GET 方式的 HTTP 请求，并使用 HTTP Response 来接收返回的 JSON 数据，最后用 JSON Object 类来对其进行解析，为此，本次开发下载了 httpclient-4.5.2.jar 包。

百度地图 SDK 的 Geo coding API 是一个简单的 HTTP 接口，它为开发人员们提供了将经度和纬度的坐标变换为详细的位置信息的功能，包括逆地址解析和地址解析的功能。借助这个接口，可以通过 Java 开发语言来发送 HTTP 请求并接收 JSON（JavaScript Object Notation，是一种轻量级的数据交换格式）或者是 XML（Extensible Markup Language，可扩展标记语言)返回的数据。

Geo coding API 的地址解析能力其实就是将一个地址信息转换成地图上一个点的过程，而逆地址解析实际上就是将经度和纬度坐标转换成详细的地址信息的过程。比如由坐标(39.963175，116.400244)得到地址"北京市东城区旧鼓楼大街丙 1 号"。

需要注意的是，Geo coding API 虽然是一套对外免费使用的接口，但是它的默认使用配额是 6000 次/天，如果需要更高的配额，则需要申请相关权限，获得百度的技术支持。

在使用 Geo coding API 时，需要拼写通过 HTTP 请求获取地址的 URL（Uniform Resource Locator，统一资源定位符），其内容为 http：//api. map. Baidu. com /geocoder/ v2/? output = json&ak = BtCnkM7osPNd09F6ohwlEDRI4M33OWql&location = 39. 963175，116.400244&mcode=7A：5D：A7：31：3B：C6：20：2B：53：53：FE：23：5E：D7：B1： 4E：B3：38：C8：5B。

由于在上一步中获取的 JSON 字符串中有冗余的数据信息，需要通过 JSON Object 类来层层解析获得字符串中所需的结构化地址信息 formatted_address(相关代码见附录)。最后，将得到的详细地址信息显示在文本框 Text View 中。文本框 Text View 等于是一个用来显示纯文本的标签控件，在使用前，也需要在 activity_ main. XML 文件中添加一个

Text View。可以设置文本框内文字的大小、文字的样式、文字的颜色和文本框的背景颜色等。Text View 对象的方法和对应的 XML 属性如表 11 - 4 所示。

表 11 - 4　Text View 对象的方法和对应的 XML 属性

Text View 对象的方法	XML 属性
Set Text Color	android：text Color
Set Text Size	android：text Size
Set Text	android：text
Set Background Resource	android：background
Set Height/set Width	android：height/width

在本项目中,将文本框的颜色设置为红色,高度默认为 50dp 并使其置于手机应用的页面底部。为了界面的可观赏性,将其中的内容设为"当前无位置",只有在点击按键触发事件时,才会显示出车辆当前所在的位置信息。

对于下位机的软件程序,使用 Keil uVision4 进行下位机的程序开发。

4.4　下位机程序

下位机程序包括主程序以及系统初始化、串口中断、GPS 模块发送数据处理函数、GSM 模块发送与接收数据、GPS 格式转换等子函数。图 11 - 13 所示为嵌入式系统主程序流程图。

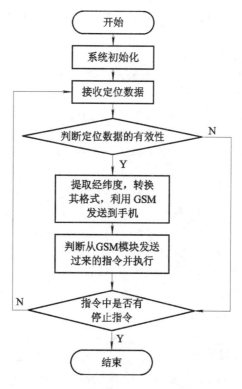

图 11 - 13　STM32 主程序流程图

1. 系统初始化

系统初始化包括对 I/O 口及串口初始化、系统时钟设置、GPS 及 GSM 模块初始化等。

2. 设置串口中断及编写中断函数

下例为设置串口 2 的中断,优先级为优先组别 1,优先级为 0。

```
NVIC_InitTypeDef NVIC_InitStructure;
NVIC_PriorityGroupConfig(NVIC_PriorityGroup_1);
NVIC_InitStructure. NVIC_IRQChannel＝USART2_IRQn;
NVIC_InitStructure. NVIC_IRQChannelPreemptionPriority＝0;
NVIC_InitStructure. NVIC_IRQChannelSubPriority＝0;
NVIC_InitStructure. NVIC_IRQChannelCmd＝ENABLE;
NVIC_Init(&NVIC_InitStructure);
```

3. GPS 模块发送数据处理函数

通过对字符串数据的字符类型和具体字符的判断来提取数据内容,需要通过两次判断,首先判断是什么类型的数据,在本程序的设计中需要读取 $GPRMC 和 $GPGGA 两组数据,因此首先判断字符串 GPS_BUF[5] 是 A 还是 C,由于 GPS 的数据是通过逗号","进行隔开,因此通过查找","来确定数据位置。而 USART_ReceiveData() 函数获得的是一个字符,所以每一次中断仅接收一个字符。

4. GSM 模块发送与接收数据

本系统还需要实现手机发短信来控制汽车的相关状态,所以需要识别 GSM 模块接收到的指令,识别指令函数与识别 GPS 模块发送数据函数完全类似。同时还要发送经过提取的 GPS 信息。

Sendate("AT\r\n", sizeof("AT\r\n")－1);//首先执行此条命令发送一个 AT 给 GSM 模块将 SIM900A 模块的波特率与单片机串口的波特率同步一下,而且第一次通信必需为大写 AT。

Sendate("AT＋CSCS=\"GSM\"\r\n", sizeof("AT＋CSCS＝\"GSM\"\r\n")－1);//AT＋CSCS=<CHSET>设置模块使用字符集<CHSET>. TA 能够在 TE 和 ME 的字符集之间正确地转换字符串,<CHSET>若设置为 GSM,则表示 7 位缺省字符集(3GPP TS 23.038)。

delay_ms(100);//因传输指令给 GSM 后,一般都会返回 OK 等,所以有一定的响应时间,设置延时确保稳定性。

Sendate("AT＋CMGF=1\r\n", sizeof("AT＋CMFG=1\r\n")－1);//AT＋CMGF=<mode>,选择短信息格式,这里为 1,表示文本模式。

delay_ms(100); Sendate("AT＋CMGS=\"661\"\r\n", sizeof("AT＋CMGS=\"560512\"\r\n")－1);//AT＋CMGS="目标手机号码"

在执行上述程序后,再输入字符串即短信发送内容,书写完毕后,一定要输入十六进制的 1A,即表示输入完毕,GSM 模块执行发送,会返回如下内容,表示发送成功:

＋CMGS:xxx

OK

5. GPS 定位数据格式转换

GPS 模块经过串口发送的经纬度格式为 dddmm. mmmm(度分),经过 gps() 函数处理为 N30.19.2239、E120.20.3587 这种度、分格式,而百度地图 API 需要 120.349923,

30.324125 这样的度格式。

$gpswd2=((GPS\_wd[4]-'0')*10+(GPS\_wd[5]-'0')+(GPS\_wd[7]-'0')*0.1+(GPS\_wd[8]-'0')*0.01+(GPS\_wd[9]-'0')*0.001+(GPS\_wd[10]-'0')*0.0001)/60$；//GPS_wd[4]字符数组中存放着纬度数据，但各个位上的数字都是无符号字符格式，无法直接进行数学运算，所以利用 ASCLL 码的规律：字符"0"的十六进制字符为 30，"1"的十六进制为 31，依此类推至 9. 所以要进行数学运算，可以将对应的字符减去"0"，即得对应的数字。此处 gpswd2v 为 int 类型数据。

$sprintf((char*)gpswd3,"\%g",gpswd2)$；//字符串格式化命令，主要功能是把格式化的数据写入某个字符串中，将 gpswd2 中的 int 类型数据再转换回字符数组，方便后面的输出。

5　编译与调试

5.1　编译

1. INTELLIJ IDEA 编译配置

INTELLIJ IDEA 可以在菜单栏设置运行配置，设置目标设备等信息，之后就可以在工具栏中快捷运行预定设置。如图 11-14 所示。

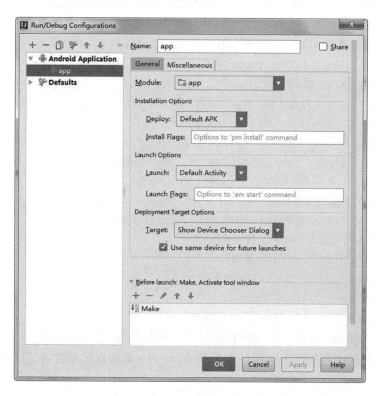

图 11-14　APP 编译配置

Android 有自己的日志系统，用来自动收集应用程序和系统的调试输出。在 INTELLIJ IDEA 开发工具上，可以通过 Log Cat 窗口查看这些事件。Log Cat 窗口留有日志的分类，在正常情况下日志将累积，直到使用明确的按钮来清除。

5.2 调试

（1）本系统上位机程序的首要关键就是能够正确地加载百度地图，在开发的过程中，曾经出现了无法加载地图的错误，此时，要检查申请的密钥和安全码是否都正确，同时确认百度地图的使用权限在 Android Manifest. XML 文件中都已经被准确地写在上面。

（2）检验程序有没有读取到手机短信。可以在程序中调用 Log 类中的方法来在控制台打印出获取的含有经纬度信息的短信字符串。若调用了该方法却没有显示出短信内容，需要检查是否添加了接收和读取短信的权限以及读取的方法是否正确。

（3）检验是否正确获取到了详细地址信息。也可以通过调用 Log 类的方法在控制台打印出数据的方式。但是由于获取详细信息的过程较为复杂。需要注意程序是否正确发送了请求，同时确认发送的 URL 是否能够返回准确的数据，若返回的数据错误，则需要确认 AK 码和 MCODE 是否都已正确输入，然后检查得到的经纬度坐标是否正确。最后检验通过 JSON Object 类是否已经正确得到了所需的 JSON 数据。

（4）检验按键是否正确进行了监听。可以通过确认以上调试步骤来确认该按键的功能。

（5）下位机最关键的是 GSM 与 GPS 以及 STM32 单片机的通信，系统采用 CP2102 USB 转 TTL 模块将 GSM 模块和 GPS 模块分别连接电脑，使用串口调试助手对串口数据进行分析，以测试模块功能的有效性，串口调试助手显示内容：

$GPGGA,110216.00,3019.22393,N,12020.35872,E,1,04,3.48,30.0,M,7.6,M,,*58

$GPGSA,A,3,08,28,27,30,,,,,,,,,4.66,3.48,3.11*0E

$GPGSV,2,1,05,08,38,044,31,11,,,32,27,11,062,32,28,24,315,33*44

$GPGSV,2,2,05,30,50,286,28*4C

$GPGLL,3019.22393,N,12020.35872,E,110216.00,A,A*64

$GPRMC,110217.00,A,3019.22347,N,12020.35836,E,1.341,,140416,,,A*74

$GPVTG,,T,,M,1.341,N,2.484,K,A*2E

- 发送 AT，模块返回 OK。
- 发送 AT+CSQ，模块返回+CSQ：19，0，表示信号强度为 19。
- 发送 AT+CSCS="GSM"，模块返回 OK。
- 发送 AT+CMGF=1，模块返回 OK。
- 发送 AT+CMGS="xxxxx"，模块返回＞。
- 发送 test。
- 发送十六进制的 1A，模块返回+CMGS：107　OK。

完成上述步骤后，目标手机号码收到短信，内容为"test"，说明 GSM 模块工作正常，测试通过。经过测试，可把 GPS 误差控制在 20 m 内。最后程序经过调试后获得成功。

6 结 论

经过检测和验证，系统可精确定位信息，误差在 20 m 以内，识别时间为 30 ms，可实时接收车载信号发射器发射的 GSM 短信，将行车位置实时标注在手机百度 APP 地图界面上。

由于时间、水平和经验有限，本次设计的车辆定位监测系统在页面的样式以及程序实现的功能方面还有很多不足，用户的可操作性也不够灵活，还有待改进，比如行车线路的识别和规划，周边位置和生活服务的查询和推荐功能。同时，基于大数据技术的发展，可以识别车辆的历史行车路线，并通过记录的行车路线判断用户的日常行为，这对于收集用户信息和行为习惯都具有巨大的帮助。另外，在系统的调试与检测方面，由于时间和设备的原因，只进行了在短距离和短时间下的调试，系统的功能性和准确性还有待进一步的检测与试验。

另一方面，随着物联网时代的发展，在物联网环境下，数据的安全性和个人隐私的保护也是一个很重要的问题。科学技术是把双刃剑，别有用意的人也可以利用人们的位置信息推测出各种各样的个人信息。如何利用好物联网，在新形势下做好信息隐私保护也是人们面临的新的挑战，也是本次课题能够继续研究下去的方向之一。更大的挑战意味着更大的机遇，在物联网时代，LBS(Location Based Service，基于位置的服务)已经展示出了它宽阔的市场前景。

由于系统可实时定位，并有 APP 系统可及时获取车辆信息，其可用于车辆调度。另外，通过改进供电方式，系统还可用于家庭电动车的定位。

十二　基于手机控制的智能灯具设计

作品设计　程中朝

摘　　要

本文设计了一种基于 Android 手机平台控制的，以蓝牙技术为通信方式的室内 LED 照明灯控制系统。该系统可通过手机 APP 控制室内灯具的亮灭，可无级调节灯具的亮度，还可根据室内亮度自动开关灯具。

照明灯控制系统分为控制端和硬件设备两部分。Android 客户端软件作为控制端，LED 照明灯、单片机、蓝牙模块等共同组成了终端设备。用 eclipse 和 Android SDK 为开发工具设计客户端 UI，调用 Android 蓝牙 API 实现蓝牙发送功能。硬件部分，包括单片机最小系统、蓝牙控制电路、电源电路、PWM 驱动电路及光敏电阻电压采集电路等。系统利用单片机产生 PWM 波，控制大功率 MOS 管的占空比，从而驱动 LED 灯具，功率最高可达 8W。此外，在蓝牙控制的基础上加入了声光控制，提高了系统的实用性。

关键词：LED；蓝牙；PWM 调光；STM8；Android

1　引　　言

随着经济的快速发展和技术的不断改进，智能照明控制进入千家万户，部分国际品牌，如路创等已进入到中国市场，可以说这些大品牌推动着这个行业的发展。进入 21 世纪以来，国内智能照明企业和商家发展突飞猛进，出现了各种技术类公司。市场上也出现花样众多、性价比较高的智能化开关器件，孕育出如海尔、清华同方、瑞朗等大大小小几十家企业，智能照明已进入了一个新的发展阶段。虽然目前国内市场还没有出现智能灯大规模性消费，但中国大陆智能照明市场依然被大多数智能照明公司所引领，他们也一直在寻找基于商业合作模式的渠道，越来越多的产品与我们的生活更加贴切。

在最近几年里，智能照明将基本能够代替普通的照明产品，比如白炽灯、节能灯，将会成为照明行业里最流行的产品。随着智能手机的普及，照明产品也将要进入无线控制时期，控制开关并不像传统机械开关一样需要固定在墙上，只要在家里距离灯具一定的范围内都可以随手控制。可根据环境需求，对智能灯的色温和发光强度进行适当调整，可以延长灯芯的寿命，并且至少能够节省 20% 的电能。

智能灯的智能化主要体现在这几个方面：能够根据环境亮度和实际场景对灯光的颜色

和发光强度进行适当的调节；可以个性化设置系统功能：能够设置为"情景模式""仅蓝牙模式"等不同的场景模式；可以使用普通按键、红外线感应、声光感应、手机蓝牙控制、手机 WiFi 控制等控制方式对系统的工作模式和状态进行动态管理；允许无级调节灯具的发光亮度；具有优良的散热系统，使整个系统的长时间运行更加稳定安全。

2015 年，在智能家居和智慧城市双驱动力的推动下，智能照明进入了新的发展阶段，一些公司全新设计的智能照明产品附加了一些简单的娱乐功能，不再局限于调节颜色和亮度，而更为突出的是照明企业在逐步接受跨界融入，通过跨界交互合作，实现照明与光源以及移动网络和硬件的结合，把智能照明融入生活，不再是纸上谈兵。

随着人民生活水平的不断提高和科学技术的迅猛发展，人们对移动终端的需求越来越大，期望也越来越高，智能终端平台也越来越被人们所依赖。本设计将利用智能手机的大范围普及的优势和消费者对智能照明产品需要旺盛的情景，把一般的照明灯具智能化，达到照明就是方便生活的目的。

2 总 体 设 计

2.1 系统设计概述

本设计采用 STM8S103F3P6 为主控芯片，利用 STM8 的 PWM 来控制恒流源的输出电流，使 LED 灯具有不同的发光强度，从而得到不同的灯光亮度。通过蓝牙将智能手机和单片机连接来控制 LED 灯的状态。根据人们的需求，本系统基于不同的运行方式有两种模式：蓝牙模式和情景模式，以及可以无级调节灯的亮度。由于 LED 灯具使用的是大面积平板灯，就算是 LED 灯珠发热较大也不需要专门设计散热风扇来给灯具散热。

整体上，本系统可以划分为三个部分，分别是底层控制层、传输层和应用服务层，分别对应于单片机控制、无线通信模块、智能手机应用服务三大部分。具体来说，在本控制系统中，底层控制层包括安装连接部分及控制开关；网络传输层包含无线通信模块与单片机的通信、无线通信模块与应用服务层的通信，以及单片机与模块电路的通信，这部分是控制系统的主控单元；应用服务层包含智能手机和基于智能手机的应用软件。底层控制层和信号传输层的功能通过单片机电路实现，应用服务层利用移动客户端软件实现。

底层控制系统由单片机最小系统模块、电源模块、恒流源驱动模块、蓝牙收发模块等组成。系统框图如图 12-1 所示。

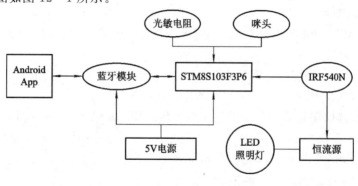

图 12-1 系统结构框图

2.2 系统方案设计

随着嵌入式技术和无线网络技术的高速发展,智能家居,尤其是智能照明第一时间进入了家庭照明市场,智能家居是整合了低功耗处理器、无线信号传输技术和一系列传感器为一体的多元化产品。家庭是智能家居的中心,嵌入式处理器是智能家居的核心,无线通信网络多以 WiFi、蓝牙、ZigBee 为主要通信方式连接到控制系统。各式各样的传感器通过无线网络接入核心控制器,可以实时地把环境信号传送给控制器,控制器通过计算再反馈到控制部件以实现管理家庭的目的。同时,用户可以干预控制系统,可以通过智能手机掌握所有已连接到控制系统的设备。单片机作为物联网发展的基本要素,具有体积小、功耗低、控制功能强、环境适应能力强、可扩展性强和使用方便等优点,用单片机作为智能家居的控制系统最合适不过了。

在移动互联网的热潮下,人们都渴望利用自己的智能手机掌控家里的所有电器,这也是未来一段时间智能家居的主要发展目标。选择目前使用人数最多的安卓手机作为智能手机平台具有很强的代表性。本设计将安卓手机作为智能灯控制终端;底层控制端使用单片机作为核心控制器;控制方式通过无线连接进行通信,实现可移动、远距离、一对一或一对多等非常灵活的控制方式;使用大功率 LED 作为发光源。本设计将实现使用智能手机控制室内灯具的。

选择一款合适的单片机对于整个系统设计来讲非常重要。参考了大量资料发现,实现无极控制灯光的主要方式还是利用 PWM 调制来控制流过发光二极管的电流实现,所以应尽量选择自带 PWM 功能的单片机。另外,串口通信也是必需的,这是实现单片机和手机通信的桥梁。定时器和中断系统也是所有单片机都具备的,只是每个厂商的产品在数量和性能上有所差别而已。本设计对单片机的处理速度要求不高,但是在允许的情况下,具有高性价比的单片机将是不二之选。

相比 STM32,STM8 虽然是 8 位单片机,但是他的功能一点都不差,STM8S103xx 系列 8 位单片机提供了 1 K 字节 RAM、8 K 字节的 Flash 程序存储器,集成 EEPROM、AD转换、PWM 输出、IIC、USART,并且提供了跟 STM32 同样的高达 72MHz 的主频。STM8 操作起来也比 STM32 要简单一些,市场价格也远低于 STM32,可以说 STM8 就是低端的 STM32。

假如使用了 8051 单片机,还需要额外添加一个模数转换芯片,还需要利用定时器产生高占空比、高频率的 PWM 波。但是使用方案二中的 ARM 架构单片机可以省去这些麻烦,直接使用片内集成的 ADC 和 PWM 将会方便很多。同时,STM8S103xx 单片机在配置上与 ATmega16、PIC16F886 相差无几。同时 STM8S103xx 单片机与较为低端的 STC89C52单片机在价格上也几乎一样。

STM8 单片机内置很多常用的通信接口,支持的通信接口包括带有时钟同步功能的UART、SPI、IIC,与其他同价位单片机相比具有极高的性价比,集成了很多常用的资源,能够胜任大部分的应用场景。再加上笔者对 51 单片机和 STM32 单片机有一定的使用经验,STM8 可以看作简化版的 STM32。综合以上分析,本设计的控制器芯片采用STM8S103xx 单片机。另外还要用到模数转换器、PWM 输出、USART 等,其中要求有1 kHz 频率的 PWM 输出,分辨率是 1% 的占空比。

本系统采用了 STM8 单片机，性能均衡，接口满足要求，性价比较高。

控制方式有很多种，如按键控制、红外遥控、红外感应、声光感应、蓝牙、WiFi 控制等。现对这四种方案进行比较论证。

1）按键控制

按键控制的优点是结构简单、成本低廉、使用习惯。但是按键控制最大不便之处就在于位置固定，无法实现远距离控制。在实际使用时会非常不方便，在比较大的房间里必须与开关零距离接触才能控制灯光；还有其他比较严重的缺点就是使用寿命非常有限，一旦损坏，修复是几乎不可能的，更换则需要花费较大的成本。所以此类控制方式肯定是会被淘汰的。

2）红外遥控控制

红外遥控主要是利用红外线进行信息通信，红外遥控的主要优点是结构简单、功耗低、价格便宜、编程简单等，是在电视、空调等电器设备上使用比较多的一种控制方式。但是由于大功率 LED 开关的恒流源电路部分的频率高达几 kHz 或几十 kHz，较大的工作电压起伏会对电路负载输出造成很大的影响。由于光源与红外接收头过近的距离，严重干扰了红外信号的接收，最直接的结果就是系统灵敏度严重下降。使用者直观的感受就是控制过难，还以为是遥控器故障，严重影响了产品的价值。

3）蓝牙控制

蓝牙(Bluetooth)作为现代手机中不可缺少的一项配置，在短距离通信方面依然发挥着重要的作用。蓝牙工作在全球统一开放的 2.4 GHz 频段，蓝牙技术先后经历的 1.0、1.1、1.2、2.0、2.1、3.0、4.0 等版本的发展。

蓝牙技术的主要优势有：连接方便，一台蓝牙设备可以同时和其他多台设备建立连接；速度高达 24 Mb/s，也就是每秒 3 MB；功耗低，蓝牙 4.0 以后已经把功耗降到很低了，在平时使用后也不必要立刻关闭它；通信可靠性高，在几米到几十米范围内，蓝牙通信是非常理想的；支持语音传输，目前使用最多的无线耳机都是蓝牙耳机，通过语音传输，蓝牙耳机做到了高保真与舒适的融合，为消费者带来了极大的方便；组网方便，蓝牙可以实现点对点通信，还可以组网实现点对多通信，对于大规模使用非常方便。蓝牙的发展一直朝着低功耗、低成本、高传输速度等方面发展。

4）WiFi 控制

WiFi 与蓝牙相似的是，也采用的是全球统一开放的 2.4 GHz 通信频段。WiFi 的发展先后经历了 802.11a/b/g/n/ac/ad 等多个版本，新的版本比上一个版本各方面性能都有很大的提升。最先把 WiFi 用于智能手机上的是苹果公司，随着智能手机的发展和无线网络的普及，目前所有的智能手机都具备 WiFi 连接功能。

与蓝牙技术相比，WiFi 技术最大的优势是传输速度极快，根据天线的连接数，理论速度可以达到 450 MB/s。与蓝牙技术不同的是，WiFi 主要用于智能设备和 WLAN(无线局域网)之间的热点链接，方便设备接入互联网进行大量数据传输；而蓝牙主要用于设备与设备之间无线连接通信，设备间的数据传输量通常都比较小。由于人们对上网的需求非常大，并且基于 WiFi 技术的快速发展和成本的降低，几乎所有的智能手机都配备了 WiFi 通信模块。

相对来说，WiFi 的优点是速度快、一对多、可多人连接，但 WiFi 相比蓝牙来说成本较高，需要单独的网卡，还需要路由器或 AP 设备。蓝牙的优点是功耗低、普及率高、应用广、成本低廉、点对点、使用方便。在讲究环保节能的时代，基于低成本和低功耗，再加上目前部分功能手机和几乎所有的智能手机都配备了蓝牙通信模块，通过手机 APP 控制灯具效果非常好。在有效范围内基本不会受到障碍物的影响，也不存在因为遥控器太多或者电池电量低而受影响的问题。蓝牙控制不受个体影响，只要具备蓝牙功能的智能手机，都可以通过应用程序来对灯具进行控制。相比 WiFi，蓝牙 4.0 以后的版本耗电更低、价格也便宜，在一对一或一对多通信方面有很大优势。基于上述对控制方式的对比，本设计将采用蓝牙模块作为控制系统的中介。

本文将智能家居系统分为三部分，分别为单片机硬件电路设计、软件系统设计和智能手机软件设计。鉴于所选取的无线通信方式为蓝牙技术，决定采用 Android 系统作为控制方法的实施平台。其中控制端为一部 Android 系统的智能手机，由用户随身携带，采用触控方式发送家居控制命令，以蓝牙为传输介质，完成对控制端的命令传输。为方便用户学习和使用，运用 Java 语言编写 Android 智能家居控制端软件，此软件主要功能为代替传统机械式开关控制方式，采用屏幕触摸的方式向控制端发送控制命令，用户只需在界面上点击按钮或滑动滑块即可发送命令。控制端基于 Android 系统调用蓝牙的各项功能，包括建立连接、数据传输、断开连接等。单片机控制端主要负责分析手机控制端传来的链接命令来建立相应的蓝牙连接，选用无线通信协议蓝牙为传输介质向控制终端以无线方式传输控制命令；单片机控制端根据手机端发送的开关命令和亮度调节命令来控制 LED 灯的开关和调节 LED 灯的亮度。

系统分为硬件部分和软件部分。本论文主要包括 STM8S 单片机硬件设计部分、单片机软件以及与智能手机通信的手机 APP。

2.3　主要功能及技术指标

（1）系统基于蓝牙无线控制，距离 5 m。

（2）单个灯驱动功率大于 5 W。

（3）制作 App 作为灯的控制开关。

3　硬件设计

3.1　电源模块

本设计的输入电源为交流 220 V ±10%（50～60 Hz）（1.5 A），前级由一个电源适配器提供 9 V、10 A 的直流电源，通过 LM7805 降压到 5 V 后给控制系统和模块电路供电。LED 灯由恒流源模块供电。如图 12-2 所示。

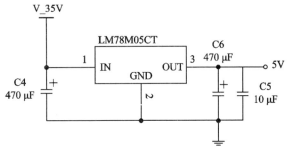

图 12-2　5 V 电源

3.2　STM8S103 核心电路

STM8S103 单片机的电源电压范围是 2.95～5.5 V，其由 220 V 的变压器经过降压后，再经由 LM7805 芯片得到 5V 直流电压。STM8S103 基本电路图如图 12 - 3 所示。

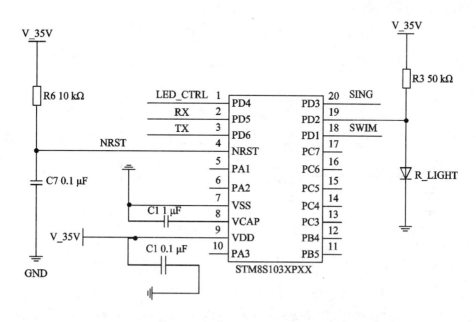

图 12 - 3　STM8S103 基本电路

本设计用到的外设包括下载器接口、串口、PWM 输出等，这些都是内部集成的。另外，大功率 LED 需要恒流源的驱动，而单片机不能直接驱动恒流源，这里采用三极管放大的方式来驱动恒流源，从而让恒流源来驱动大功率 LED。数据收发是利用蓝牙转串口模块实现的，蓝牙模块通过与智能手机配对，智能手机通过 APP 发送控制命令，蓝牙模块接收到控制命令后传送给单片机，让单片机处理后用户实现灯具控制。

利用 STM8S103 单片机的 SWIM 单线接口（即 PD1 引脚）、复位引脚、电源地与 ST - LINK 下载器相连可以实现在线调试和程序下载，并能够提供最快 145 b/ms 的传输速度。

3.3　蓝牙模块

本设计所选用的蓝牙模块是 HC-05 系列的蓝牙串口收发模块，其模块尺寸为 28 mm×15 mm×2.35 mm，工作电压有 5 V 和 3.3 V 两种，所以此模块直接可以和单片机共用同一电源电压。蓝牙协议标准为 V4.0，波特率为 9600 b/s。把蓝牙串口模块的 UART_TXD、UART_RXD、VCC、GND 这 4 根线分别接到单片机对应串口引脚上就可以工作了。其中，蓝牙串口模块的 TXD 接单片机 RXD 引脚，蓝牙串口模块的 RXD 接单片机 TXD 引脚，这样便可实现蓝牙模块和单片机的数据收发功能。这里要特别注意的是，蓝牙模块的串口接收引脚不带上拉电阻，如果单片机的串口发送引脚也不带上拉电阻的话，就必须在蓝牙串口模块的串发引脚上接一个上拉电阻。

3.4 灯具接口电路

灯具接口电路包括 PWM 波输出接口、三极管放大电路和 MOS 管驱动电路。电路图如图 12 - 4 所示。STM8S103 单片机可以同时输出最多 4 路 PWM 波，TIM2 定时器的通道 1 提供占空比可调的 PWM。

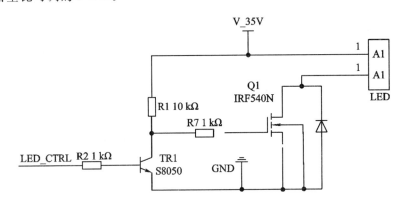

图 12 - 4　灯具接口电路

3.5 LED 驱动电路

LED 驱动电路设计有两个原则：

（1）LED 设计运行在低电压（12~24 V），直流电力。然而，大多数地方供应为高电压（120~277 V），交流电力。LED 驱动整流电压高、低压交流电，直流电。

（2）LED 的驱动电源从电压或电流波动保护二极管。电压的变化可能会导致改变当前被提供给发光二极管。在一定电流范围内，LED 的发光强度正比于其供应的电流大小。因此，过多或过少的电流都会导致光输出的变化，过高的电流会导致 LED 过大的发热量，甚至烧毁整个 LED 灯珠。

可靠的 LED 恒流源是保证把高压交流电转化为稳定的低压直流电的前提，本系统直接采用现有的 LED 驱动电源来为大功率 LED 面板灯供电。单片机通过 PWM 输出控制 IRF540N MOS 管的开关，开通与关断时间由 PWM 占空比控制，这样便可以让 LED 驱动电源工作了，LED 驱动电源的参数如下：

（1）输出电流为 300 mA。

（2）最大功率为 8 W。

（3）输出电压为直流 12~25 V。

4　软　件　设　计

4.1　总体方案

单片机程序整体思路是系统启动后对单片机外设及所使用的 GPIO 开始初始化。经过这些初始化函数，系统会进入稳定的工作状态，然后系统始终执行 while(1)循环，等待外部中断、定时中断或串口中断的到来，以处理不同的中断服务函数实现多样化的控制功能。其中，定时器中断主要为了在使用情景模式 10 s 后自动灭灯，串口中断主要为了在使用蓝牙模式时及时处理蓝牙发送的指令。

4.2　主程序流程图

主程序的流程图如图 12 - 5 所示。

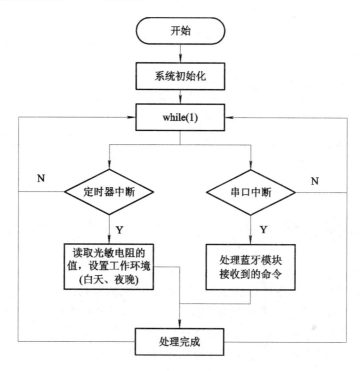

图 12 - 5　主程序流程图

4.3　单片机程序

本设计的单片机程序开发环境使用 IAR，其开发环境界面图 12 - 6 所示。

STM8 S 系列单片机的开发采用意法半导体公司提供的专用集成开发环境。IAR 系统提供了世界领先的嵌入式系统软件开发工具，为开发人员提供了具有强大竞争力的产品，包括基于 8 位、16 位和 32 位处理器。这些单片机采用 ST - LINK/V2 作为调试工具和下载工具，为开发人员提供了很大的便利。ST - LINK/V2 通过 USB 全速接口与上位机通信，并且通过它可以实现 STM8 单片机与 ST Visual Develop(STVD)或者 ST Visual Program (STVP)软件通信。

IAR for STM8 集成了 C 编译期，下载安装后，只需要引入 STM8 的库即可像 STM32 一样进行开发了，不过这对我来说依然具有非常大的挑战性。很明显它跟开发 STM32 用的 keil 开发环境不一样，并且使用的库也是不同的。参考官方芯片手册，可以掌握基本的开发步骤。

蓝牙模块和单片机是通过串口来收发数据的，蓝牙模块接收到数据时，单片机进入串

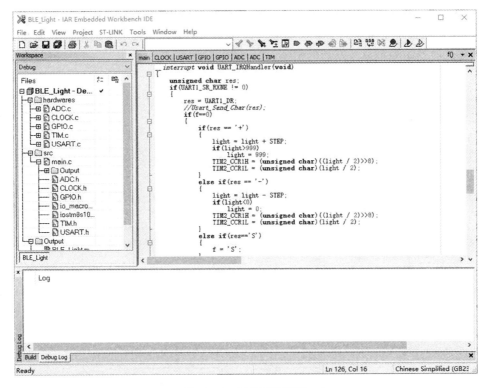

图 12 - 6 IAR 开发环境

口中断处理函数，然后对指令进行解析，分别执行不同操作以实现具体的控制逻辑。单片机主函数在上电的时候进行一些初始化操作，然后进入死循环等待串口中断、外部中断以及定时器中断的到来，这些中断函数会根据被他们改变的全局变量的值进行一些逻辑判断并做相应的输出，这就完成了一个控制系统软件部分的设计。

（1）主程序。

初始化串口（蓝牙）、灯具状态及亮度、设置波特率、初始化 IO 口、初始化 AD 口、初始化时钟、初始化 PWM、开取中断。

（2）中断服务程序。

```
//外部中断，若开启了情景模式，并且环境光比较暗、有足够分贝的声音时触发
#pragma vector＝0x08
__interrupt voidEXTI_PORTD_IRQHandler(void)
{
    //夜晚 && 情景模式
    if((env == 1)&&(mode==1))
    {
        light = 100;
        light_set();
        tim_temp = 0;
    }
}
```

//定时器 1 中断,开启情景模式时,每 1ms 读取一次光敏电阻的值,如果超过 450 将环境设置为夜晚

```
# pragma vector=TIM1_OVR_UIF_vector//0x19
__interrupt void TIM1_OVR_UIF_IRQHandler(void)
{
    ...
}
```

//串口中断,用来处理串口通信接收到的数据

```
# pragma vector=0x14
__interrupt void UART_IRQHandler(void)
{ ... }
```

4.4 手机客户端

安卓系统的底层基于 Linux 系统,所有的应用程序都运行在被称为 Dalvik 的虚拟机内,也就是说每个应用程序对应一条 Davlik 进程。而 Dalvik 虚拟机依赖于 Linux 内核提供的核心功能,安卓系统建立在 Linux 2.6 之上,Linux 内核为其提供了安全性、内存管理、进程管理、网络协议栈和驱动模型等核心系统服务。也因此,在相同硬件配置的手机上,安卓应用程序的执行效率一般都低于苹果 iOS 和微软 WP 应用程序。但是不可否认的是,安卓系统采用 Java 语言作为其应用软件的开发语言,不管是系统核心应用程序还是第三方应用程序,它们都是平等的,操作系统为开发者提供了统一的 API 框架。随着手机厂商之间的存亡竞争和手机硬件的迅速发展,从用户的角度来看,各平台之间的应用程序几乎没有明显的差异。

本设计的客户端软件基于安卓系统开发,在开发之前,首要的工作就是搭建开发环境。首先,由于安卓应用程序基于 Java 语言,所以 JDK 的安装是第一步,选择 JDK1.7.0_55 版本作为软件编译环境。一般来说,64 位的操作系统安装 64 位的应用程序才能把硬件的性能发挥到极致。但是对于 JDK 来说,64 位的环境反而可能会带来一些不可预料的问题,所以安装 32 位的 JDK 是非常有必要的。32 位的 JDK 用于运行和调试过程已经足够。然后安装 Android SDK,即安卓软件开发工具包,这是开发安卓应用程序的核心。谷歌为我们提供了所有的 SDK 版本,这里只下载了本设计所需要的版本,API 级别为 19,即安卓 4.4.2,其次是开发工具的安装,虽然谷歌已经为安卓开发人员推出了比 Eclipse 更适合开发安卓应用程序的 IDE,但是,作为一个刚要入门的安卓开发者来说,选择比较成熟的 Eclipse IDE 作为开发环境能够达到快速学习、快速入门的目的,毕竟网上有很多免费的基于 Eclipse 的安卓开发教程和视频教程。这里多说一句,Eclipse 最初并不是只针对 Java 而设计的,它是面向更多开发语言而设计的一套公用的 IDE,所有人都可以在它的基础上进行插件扩展,然后完成自己的工作。Eclipse ADT 插件就是谷歌为了让开发人员方便开发安卓应用程序而设计的一套插件。而最新的 Android Studio 是基于 IntelliJ IDEA 开发的一个 Android 开发环境,它比 Eclipse 更适合开发安卓应用程序。

Android 编程是面向应用程序框架 API 编程,这种开发方式与编写普通 Java SE 应用程序并没有太大的区别,只是 Android 新增了一些 API 而已。Android 应用程序使用 XML

布局文件作为应用程序的用户界面，这与微软的 WP 或者 Win 10 通用应用程序的设计有点相似，这样的设计可以降低程序代码的耦合性。Android 的界面布局文件放在项目的 res/layout 目录下，ADT 插件打开界面布局文件，就可以通过拖拽的方式进行界面编程了，当然也可以切换到源代码编辑界面，对布局文件直接进行修改。Android 的源代码文件都放在 src 目录下，所有的业务逻辑都在该目录下使用 Java 代码进行编写。整个应用程序也是由 main. xml 界面布局文件和 Java 业务逻辑代码组成。

AndroidManifest. xml 清单文件说明了该应用程序的名称、所使用的图标以及包含的组件等。本设计基于 Android 蓝牙 API 开发，要调用 Android 系统的蓝牙功能，至少需要在清单文件中声明以下权限：

<uses－permission android：name＝"android. permission. BLUETOOTH"/>（允许应用程序连接匹配的蓝牙设备的权限）

<uses－permission android：name＝"android. permission. BLUETOOTH_ADMIN"/>（允许应用程序发现匹配的蓝牙设备的权限）

在 Android2 以后，Android 平台包含了完整的蓝牙协议栈，利用框架提供的蓝牙 API 与外部蓝牙模块配对连接，可实现点对点通信。本程序利用 Android SDK 自带的 BluetoothChat 样例程序进行改造设计。

本应用中用到的最主要的 API 有 BluetoothAdapter、BluetoothDevice 和 Bluetooth-Socket。BluetoothAdapter(蓝牙适配器)可以查询、配对、连接其他设备，BluetoothDevice 表示一个远程蓝牙设备，包含了设备名称、唯一 MAC 地址和连接状态等信息。Bluetooth-Socket 类似于 TCP Socket，利用它可以查询或连接一个远程设备。

向单片机发送的不同指令是由用户触发客户端界面上不同的控件实现的，手机客户端主界面的设计比较简单，只需要对 Activity XML 文件进行编写就可以实现，或者用简单的拖拽方式也可以进行界面设计，主要的功能实现需要对这些控件进行事件编程。Android 提供了两种方式的事件处理：基于回调的事件处理和基于监听的事件处理。基于监听的事件处理的主要做法就是为 Android 界面组件绑定特定的事件监听器，即重写 Android 组件特定的回调方法，或者重写 Activity 的回调方法。一般来说，基于回调的事件处理可以对一些具有通用性的事件进行处理，并且事件处理代码也比较简洁。所以本设计实现的 App 中都采用了基于监听的事件处理机制。

当用户按下一个按钮或者单击某个菜单项时，都会触发一个相应的事件，该事件就会触发事件源上注册的事件监听器，事件监听器调用对应的事件处理器(事件监听器中的实例方法)来做出相应的响应。

本程序基于需求实现了如下功能：

(1)打开蓝牙。

(2)与远程蓝牙设备配对。

(3)连接蓝牙设备。

(4)开启灯具电源。

(5)开灯、关灯。

(6)调节灯光亮度。

(7)切换场景模式(仅蓝牙模式、情景模式)。

打开蓝牙、与蓝牙设备配对、连接蓝牙设备这些操作都是利用 Android SDK 提供的 API 实现的，具体代码此处不做解释。与蓝牙设备连接后，其他的控制命令都是自己定义的协议，比如开启电源只是向蓝牙模块发送了"A1"字符串，单片机收到该指令后，将单片机主函数中定义的一个全局变量置为 1，然后用户再进行开灯、关灯、调节亮度等操作时，单片机会根据之前被改变的全局变量进行判断并做出相应处理，这样就完成了一次蓝牙发送指令和接收指令并进行处理指令的操作。

手机 App 界面设计图如图 12-7～图 12-10 所示。

图 12-7　App 主界面

图 12-8　设备已绑定

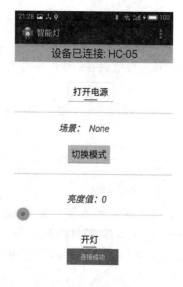

图 12-9　设备已连接

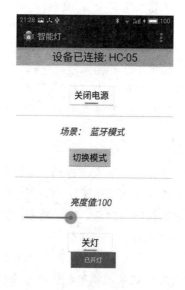

图 12-10　控制 LED 灯

5 制 作 与 调 试

5.1 硬件电路的布线与焊接

1. 总体特点

本系统所涉及各部分硬件电路总体有以下特点:

(1) 声光感应用的是自己搭建的模块,由咪头和光敏电阻构成。

(2) 流过 LED 灯的电流由 MOSFET 管 IRF540N 控制,而 MOSFET 管又由三极管 8050 驱动,其他部分基本都由模块组成,比如蓝牙模块、恒流源驱动模块等。

2. 电路划分

为了方便电路的焊接与系统调试,把电路划分成了两个主要部分:

(1) 电源部分包括 9 V 恒压电源和一个恒流源,9 V 恒压源经过 LM7805 降压后给蓝牙模块、单片机及外围电路供电,恒流源专门给 LED 灯供电。

(2) 单片机外围电路包括蓝牙模块、咪头、光敏电阻、MOS 管组成,因为选用了贴片式的单片机,所以电路设计得比较小巧,大部分器件采用贴片的,方便焊接,更减小了系统体积,增加了系统的稳定性。

3. 焊接

在电路焊接之前必须要熟悉芯片的所有引脚,时刻参照 PCB 图,特别需要注意电源线和地线不能接反。按照以下原则进行焊接:

(1) 电烙铁在印刷版引脚上停留时间过长会导致元器件损坏,温度过高可能使焊盘掉落,严重时导致整块 PCB 板报废,所以焊接时间一般不超过 5 s。

(2) 表贴陶瓷电容、三极管、集成芯片很容易在受热再聚冷后而内部断裂。焊接 CMOS 元件尽量使用静电地的电烙铁。

(3) 如果不小心把元器件引脚接错了,只能将其取下来重新焊接,取的时候也要特别小心,不要把其他焊接正确的元器件弄短路了。

(4) 焊接前准备好常用的工具:电烙铁、镊子、吸锡器、焊锡丝、万用表等。

5.2 调试

确认系统可以下载程序后。本设计使用 C 语言作为编程语言,ST - LINK 作为硬件调试工具。调试方式采用了从部分到整体的原则,主要的调试环节如下:

(1) 工程建好以后,首先编写调试蓝牙控制部分,因为这个部分是整个系统的关键,它起到桥梁的作用,一端是单片机,另一端是智能手机。只要串口引脚连接正确,这部分的调试相对来说比较容易,单片机控制 LED 只需要蓝牙模块给单片机发送控制命令即可,所以对蓝牙模块来说就只是接收数据的功能。

(2) 调试利用单片机的定时器产生 PWM 波,然后驱动 MOS 管,MOS 再驱动大功率 LED 的恒流源。这部分主要是实现单片机直接控制 LED 灯开关和亮度的功能。因为随着电流的不断提高,LED 的发光强度变化已经不是很明显了,所以,只需要把最高亮度定在一个比较合适阈值即可。然后用 0~100 的数字来标记这个区间便完成了 LED 灯亮度的无级调节。这是一个比较难把握的点。

（3）此外，还有一个重要的调试点就是 LED 灯的功率和 LED 恒流源之间的匹配，最终的结论是恒流源的功率稍大于 LED 灯。这样可以保证 LED 灯能达到最好的发光效果。当然也不易过大，过大的差异会导致 LED 过热变色等。

（4）然后是手机 APP 应用程序的调试。手机 APP 占据了很重要的一部分，作为控制 LED 灯的控制端，在控制之前需要做一些工作，依次为发现蓝牙设备、适配蓝牙设备、连接蓝牙设备。这些过程也花费了较长的时间，但是，一旦连接好就好办了，控制命令按照预先定义好的协议来发送和接收。在这之前，我先用蓝牙串口助手进行了测试，至少可以避免因为蓝牙模块不好使导致的一些问题。

（5）最后，进一步完善了手机 APP 程序，已达到使用方便的目的。这里主要是对 Java 软件开发和 Android 入门的考验。

6 结 论

经过测试和验证，系统可实现对家中灯具基于手机 APP 的控制，通信方式采用了蓝牙通信，控制距离可达 5 m 以上，满足日常需求；灯具亮度可通过 PWM 波无级调节灯的亮度，从而可设置多种工作方式；由于系统内置了光敏电阻，因此可设置根据环境自动开关灯，方便用户；自制的手机 APP 操作简单，UI 简洁，易于使用。

当然系统也有不足之处，还需额外提供电源适配器，下一步在系统电路上加入 220 V 直接供电的电源适配器，进一步上云并加入智慧家居控制系统。

十三　基于 LabVIEW 的便携式心率测试仪设计

作品设计　邓艳军

摘　　要

为实现心率信号的实时采集和无线传输，设计了一种基于 LabVIEW 的用蓝牙传输心率信号的系统。本系统的主控制器是 MSP430F149，脉搏信号由反射式光电心率传感器采集，采集的心率信号经过信号调理电路送入单片机。单片机内部 12 位 AD 对心率信号进行模数转换，将处理后的数据通过蓝牙主机发送出去，再通过蓝牙被从机接收，接收的数据传送给上位机，再做后续处理。该系统采用蓝牙 4.0 技术，传输有效距离在 50 m 以上，适用于临床医学和家用便携式监测。

基于 LabVIEW 的心率测试系统主要包括心率采集、放大、低通滤波、50 Hz 陷波器、蓝牙发送、蓝牙接收、上位机 LabVIEW 处理等。心率采集传感器采用反射式光电传感器，将采集的信号传送给前级放大电路，经滤波和陷波电路处理后传送给单片机的 AD 口采集，单片机通过 UART 接口将信号传给蓝牙发送模块再发送出去，蓝牙接收模块接收到信号并将信号通过 UART 传给 PC，LabVIEW 再对接收到的信号进行处理。

关键词：心率采集；蓝牙传输；信号调理；LabVIEW

1　引　　言

近年来脉搏测量技术发展得很迅速，由传统的把脉、听诊到已发展到如今的传感器测量。采用传感器测量无疑更加准确，能采集更多的心率信息，便于医护人员对患者的情况做进一步分析。目前医院或者家用便携式心率测试都是基于有线连接的，要求被测试者静坐或躺着不动，这给被测试者带来很大不便。因此，需要设计一款无线传输的便携式设备，不仅可以让被测试者在运动的情况下测量心率，实现心率实时监测，还可以将数据传输到手机或者 PC 端，在屏幕上查看自己的心率波形和实时心率次数以及一分钟的心率次数。

实现心率检测的关键在于心率传感器的选择，因为不同种类的心率传感器测量出来的心率信号会有所差别。目前在脉搏信号检测方面比较常用的方法有三种：一是从心电信号中提取；二是从压力传感器的测量值中得到；三是光电容积法。在所介绍的三种方法中，前两种均会限制被测试者的活动，且容易导致被测试者的心理紧张，长时间使用会增加被测试者心理和生理上的不舒适感。光电容积法作为心率测量中最常见的方法之一，大致可以分为透射式和反射式两种。

本设计采用反射式光电心率传感器，通常在人体的桡动脉位置放置反射式传感器。反射式光电心率传感器对测量部位具有严格的要求，但是产生的信号具有较高的适应性、良好的稳定性以及可重复性，适合长时间的医学临床监护，更适用于家用便携式测量。本设计将反射式心率测量结合蓝牙传送给上位机，能够实现医护人员在一台电脑上同时监护多个病人的心率情况，同时解决了有线传输带来的困扰，能够让被测试者在运动的情况下测试心率。

2 总 体 设 计

2.1 基于 LabVIEW 的心率测试系统概述

基于 LabVIEW 的心率测试系统的原理是，单片机将传感器采集的心率信号通过蓝牙传输给上位机 LabVIEW，LabVIEW 再做显示处理等。该系统分为传感器采集部分、信号调理模块、MCU 采集、蓝牙传输模块和上位机显示部分。如图 13-1 所示，传感器采集部分采集指尖或者耳垂部位的心率信号，将心率信号送入信号调理电路，信号调理电路将信号处理为可供微控制器内置 12 位 AD 采集的信号，然后微控制器将采集到的 AD 值直接通过蓝牙发送出，再通过蓝牙被从机接收并将接收的数据传给 PC 端，最后在 PC 上通过上位机 LabVIEW 对信号进行显示处理等。

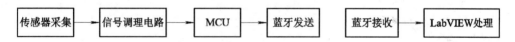

图 13-1 基于 LabVIEW 的心率测试系统原理图

2.2 本设计思路方案

本设计以实现脉搏信号的精确采集和无线传输以及 LabVIEW 显示脉搏信号为主要目标，以信号调理、蓝牙主从机通信和 LabVIEW 处理为主要设计内容。

由于人体表面生物信号非常微弱，传感器采集到的信号还带有很强的 50 Hz 干扰以及环境中的其他噪声干扰，所以信号调理电路主要是对采集到的信号先做放大再做 50 Hz 陷波处理。蓝牙传输方面，主要是配置好蓝牙主从机，单片机控制蓝牙发送模块，蓝牙接收模块将接收到的数据直接以串口的形式传给 PC。LabVIEW 主要是将接收到的信号还原为心率波形，并对波形做处理，显示被测试者的实时心率次数以及正常测量一分钟的心率。

传感器采集：传感器拟采用光电反射式传感器，光电脉搏传感器具有反应速度快、结构简单和高可靠性以及能实现非接触式测量等优点。更重要的是反射式光电传感器本身就具有超强的抗干扰能力。

仪表放大：考虑到传感器采集到的心电信号非常微弱，因此要对采集到的信号进行前置放大，此处选择低噪声、低漂移的精密仪表放大器来设计仪表放大电路，这样就能够实现对心率信号的精确放大。

工频陷波：由于信号比较微弱，且整套设备受到 50 Hz 工频干扰，因此要对信号进行 50 Hz 工频陷波处理，将工频对信号的干扰降到最小。

波形整形：由于传感器采集到的心电信号是模拟信号，而为了方便单片机采集处理，此处对模拟信号整形处理成数字信号，可以采用过零比较器或者施密特触发器。

蓝牙模块：使用最新的蓝牙 4.0 模块，单片机采集到的心率参数通过蓝牙发送模块发送出去，同时蓝牙接收模块进行接收数据，将接收到的数据通过串口直接发送给 PC 机，PC 机在 LabVIEW 平台显示并处理接收到的数据。

LCD5110 模块：LCD5110 只是辅助模块，最终可以去掉。由于刚开始要测试采集的心率信号是否正确，需要用 LCD 显示并验证其正确性，接收部分也一样。

LabVIEW 显示部分：PC 机将单片机发送的数据通过 LabVIEW 平台显示出来，能实时显示被测试人员的心率参数，并能从中发现问题，若心率参数不正常，则给出报警信号，提醒医护人员。

2.3 主要功能及技术指标

（1）实现对人体的心率采集，误差±5%。

（2）采用 LabVIEW 主机显示心率。

（3）采用蓝牙通信，实现采集信息的无线传输，传输安全距离 5 m。

3 系统硬件设计

3.1 系统硬件总体设计

基于 LabVIEW 的心率测试系统是集光、电于一体的系统，其工作原理是发光二极管发送光源，光线经人体组织反射，接收二极管将接收到的光信号转为电信号输出，电信号经过信号调理电路送入单片机，单片机再经过蓝牙发送到 PC，PC 上用 LabVIEW 做心率信号显示和心率次数显示。

根据系统要求实现的功能，可以将该系统分为发射和接收两个部分。其中发射部分包括心率传感器对心率信号的采集、信号低通滤波、信号精密放大和抬升电路、50 Hz 工频陷波电路，以及微控制器将 AD 采集的信号通过蓝牙发送模块发送出去；接收部分包括蓝牙接收模块和 LabVIEW 将接收数据还原为心率波形并显示心率信号波形和脉搏次数。该系统的结构框图如图 13 - 2 所示。

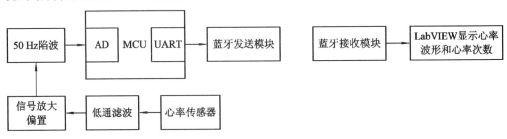

图 13 - 2 系统结构框图

3.2 反射式光电心率传感器

本设计的心率传感器采用反射式光电传感器，光电传感器的原理是光电容积法。光电容积法的根本原理是根据人体的血管跳动时造成的对光线的透光率不同来进行心率信号测量的。其使用的传感器由发射器和接收器两部分组成，发射器一般是发射二极管，接收器则一般是光电二极管。光电传感器一般固定在人体比较方便的位置，如被测试者的指尖或者耳垂等。发射器发送的光源的波长范围一般是在 500～700 nm 之间。当发射光的光线穿过人体的外周血管时，由于动脉搏动充血容积变化导致这束光的透光率也发生变化，此时，光电接收器接收到人体组织反射回来的光线，并将该光信号的变化转变为电信号的变化输出。光电接收器接收到的电信号的变化是随着动脉血管容积的变化而变化的，而动脉血管容积的变化又是随着心率信号的变化而呈现周期变化的，因此光电接收器接收的电信号的变化周期就是心率信号的变化周期。

相关文献和相关实验表明，波长在 560 nm 左右的波能够较好地反映出人体皮肤表面的微动脉信息，因此非常适合用来提取人体的心率信号。本系统使用的光电传感器的发射器采用了型号为 AM2520 的发出绿色光源的 LED，该发射器发射波的波长峰值为 515 nm，而光接收器则采用了型号为 APDS - 9008 的一款光接收器，其接收波的波长峰值为 565 nm。光发射器和光接收器二者峰值波长很接近，因此相应的灵敏度也非常高。传感器采集装置原理电路如图 13 - 3 所示。

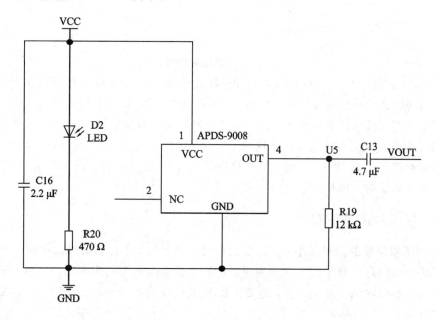

图 13 - 3　传感器采集原理电路

3.3 放大偏置电路

由于正常心率信号的幅值特别微弱，一般都是处于毫伏级甚至是微伏级的水平，而且其频带一般在 0.05～200 Hz 之间，极易受到环境中各种信号和噪声的干扰。因此需要在传感器后面使用低通滤波器滤除噪声，并且使用运算放大器对该微弱信号进行放大。在这里使用的运算放大器的型号是 MCP6001,用该运放将心率信号的幅值放大了 331 倍;并且采用电阻分压式偏置来将信号的直流偏置抬升到电源的一半,这样经过放大和抬升后的心率信号满足被单片机 AD 采集的信号的要求,可以被单片机的 AD 转换器直接采集。放大和偏置电路如图 13-4 所示。R17 和 R18 对 VCC 分压,则 VIN 信号被抬升了二分之一倍的 VCC,用运放对抬升后的交流信号放大,放大倍数是 $1+\dfrac{R16}{R15}$ 即为 331 倍。

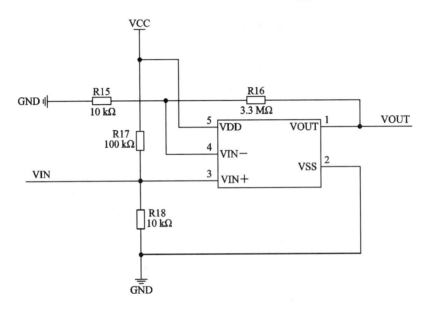

图 13-4　放大偏置电路

MCP6001 这款运算放大器采用的是微芯公司最先进的 CMOS 工艺进行生产的,针对低成本、低功耗和各种通用应用设计的运放。MCP6001 之所以成为电池供电应用的理想选择,是因为其拥有较低的供电电压、很小的静态电流和较高的带宽。MCP6001 是单电源供电的运算放大器,其供电电压最低可达到 1.8 V,最高可达到 5.5 V,而且输出是轨到轨的,增益带宽积更是高达 1 MHz。在电路里放大倍数为 331 倍,而运放增益带宽积为 1 MHz,完全满足对心率信号放大的要求。

3.4　50 Hz 工频陷波电路

由于传感器采集的信号很小,并且会混有很强的干扰,因此做好滤波电路是很有必要的。本系统中 50 Hz 工频干扰是一个很重要的噪声源,由于在放大电路的时候,噪声同样也会被放大,所以在 AD 采样之前,需要对信号做工频陷波处理。50 Hz 工频陷波电路如图 13-5 所示。

如图 13-5 所示,陷波电路采用有源双 T 网络陷波电路。双 T 网络陷波器其实就是由低通和高通滤波器并联组成的二阶有源陷波器,运算放大器接成跟随状态,其增益为 1。简单的双 T 网络计算,要求参数满足如下关系:

$$R1 = R8 = R, C10 = C11 = C, R9 \parallel R7 = R/2, C19 \parallel C4 = 2C$$

则中心频率为

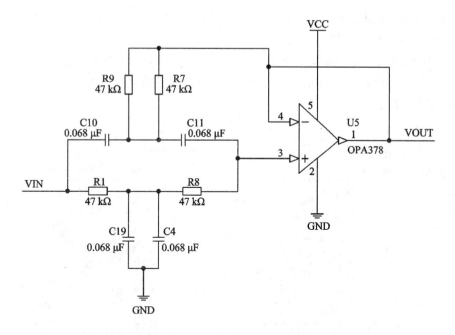

图 13-5 50 Hz 工频陷波电路

$$f_0 = \frac{1}{2\pi RC} \qquad\qquad (13-1)$$

在实际制作过程中,取电阻及电容值如图 13-5 所示,$R=47$ kΩ,$C=0.068$ μF,则按照公式(13-1)可得中心频率 $f_0=49.8$ Hz。

本系统中有源双 T 陷波器用到的运算放大器为 OPA378,它是美国德州仪器公司生产的一款新的零漂移、低功率运算放大器。该芯片内部采用了一种 TI 公司特有的自动校准技术,该技术的目的是为芯片提供最小的输入失调电压和失调电压漂移。因为这款芯片具有很低的输入电压噪声、较高的增益带宽和极低的功耗,所以这款芯片成为了低功耗高精度应用的最佳选择。另外,该运算放大器是单电源供电的,供电范围是 2.2~5.5 V,并且输入输出也是轨到轨的方式,这使得其成为电池供电产品的最佳选择。此处运算放大器选择 OPA378 不仅能够增强双 T 网络滤波的滤波效果,也能有效防止再引入噪声干扰,使进入 AD 的信号是干净清晰的心率信号。

3.5 MSP430F149 单片机及最小系统介绍

MSP430F149 单片机是美国德州仪器公司开发的一款具有 16 位总线的超低功耗微处理器,而且该单片机自带 Flash。

其寻址空间为 64 K,包括 ROM、RAM、闪存 RAM 以及外围模块,高速的运算能力;16 位精简指令架构,指令周期为 125 ns;片上 USART:发送与接收有各自的中断;模数转换器拥有 8 路输入;具有 LCD 驱动电路。

MSP430F149 最小系统包括了复位电路和两路外部时钟信号。由于单片机 LFXT1 处内部集成了两个 12 pF 的电容,因此不需要额外接起振电容,而 LFXT2 处需要外接两个小电容帮助晶振起振。本系统中对微控制器的供电采用纽扣电池,纽扣电池的输出电压为 3.3 V。本系统采用典型的 RC 复位电路,低电平复位,采用手动复位开关,可避免高频谐波对电路的影响。MSP430F149 最小系统电路图如图 13 - 6 所示。由于单片机的电源脚 1 和 64 靠得很近，所以就只用一次滤波，图中 C5、C6 就是用一个 0.1 μF 和一个 10 μF 的电容对单片机的供电电源进行滤波；Y2 是 32.768 kHz 的晶振，单片机内部有起振电容，因此不需要外接电容；Y3 是 8M 的晶振，单片机在此处没有内部起振电容，故需要外接两个 33 pF 的电容辅助起振。

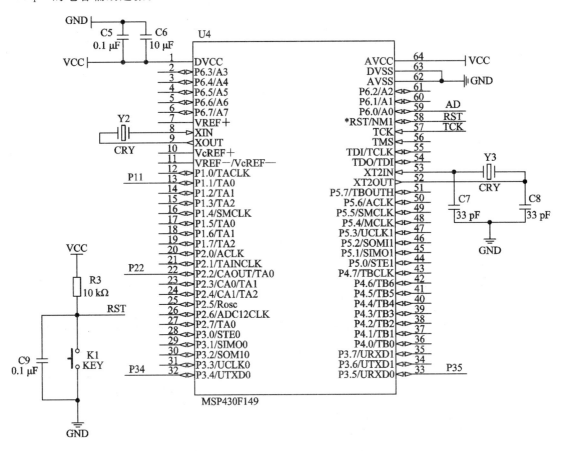

图 13 - 6　MSP430F149 最小系统原理图

3.6　AD 采集

MSP430F149 单片机的 AD 是 12 位 AD，共拥有 16 个保存转换结果的寄存器，其中 8 个是可配置的外部输入通道，而 4 路内部通道可以分别测量 VCC 的电压值、温度传感器值以及正负电压参考。ADC12 的采样速率为 200 次/s，共有 4 种转换模式：单通道单次转换、序列单次转换、单通道多次转换和序列多次转换。ADC12 的电压参考源分为两种，一种是内部电压参考源，另外一种是外部电压参考源。模数转换器的内部参考电压又分为 1.5 V 和 2.5 V 两种，两种内部参考电压由软件进行选择，使用时只需向 ADC12CTL0 寄存器写入 REFON＋REF2_5V，就可以打开这个 2.5 V 内部电压参考源。模数转换器的外部电压参考源是由单片机的 REF＋引脚接入。如果单片机上电时系统没有对单片机设置参考源，则默认为单片机的供电电压为 3.3 V。本系统采用的是单片机内部集成的 12 位 AD，由于进入 AD 之前的心率信号的幅度已经被调节为在 0～3.3 V 之间，因此可以被 AD 直接采集转换。

3.7 蓝牙无线传输模块

蓝牙 4.0 模块的核心器件采用的是 TI 公司生产的 CC2541。

信号的 EN、CTS、RTS、RST 等信号脚的常态为高电平，触发状态是低电平。表 13-1 是蓝牙模块引脚说明。

表 13-1 蓝牙模块引脚说明

引脚名称	引脚位置	输入输出	说　　明
GND	—	—	模块地 GND
VCC(3V3)	—	—	模块电源正极(3.3 V)
EN	P2.0	输入	模块广播使能(低有效)
TX	P0.3	输出	模块串口发送端
RX	P0.2	输入	模块串口接收端
CTS	P0.4	输入	数据输入信号，唤醒单片机
RTS	P0.5	输出	数据输出信号，通知单片机接收
RST	RESET_N	输入	复位信号(低有效)
STATUS	P1.6	输出	未连接时高电平，连接后低电平，可用作 LED 指示

蓝牙 4.0 模块的主从机模式已经烧入固件，用户无法通过 AT 指令修改，并且每个厂家给的 AT 指令以及出厂设置均可能不一样，需要用户向卖家咨询详细资料。本系统采用的蓝牙 4.0 模块情况如下：串口参数配置，波特率默认为 115200 b/s，数据位默认为 8 bytes，校验位默认为无校验位，停止位默认为 1 停止位；模块蓝牙名称默认为 SerialCom，用户可以通过 AT 指令修改，并可以掉电保存；发射功率默认为 0 dBm；连接间隔默认为 100 ms，增大连接间隔能够降低模块功耗，但是会加大延迟，实时性要求不高可以适当加大连接间隔；先将 EN 脚拉低 30 ms，再拉高，模块就可进入广播状态；打开 APP 的手机与模块连接成功后，MCU 如有数据要发送到串口，需先将模块 CTS 拉低，使模块进入活动状态，MCU 可在延时 1 ms 后发送数据，适当延迟时间，数据发送完毕后，CTS 再被拉高，使模块进入待机状态；当模块有数据上传请求时，模块 RTS 脚会从高电平变为低电平，可以唤醒 MCU，MCU 可以通过检测 RTS 脚电平变化判断是否有数据接收，单片机接收数据的时候同样需要先将 CTS 引脚拉低，待数据接收完毕后，模块的 RTS 引脚自动变为高电平，MCU 可以通过 RTS 脚判断数据是否接收完成。数据接收完成后 MCU 需自行拉高 CTS；MCU 检测到有数据时，应尽快进入接收状态，如果没有及时接收，模块会一直等待接收，无法进入低功耗模式；CTS 脚一直保持低电平，会有很大功耗，每次操作完 CTS，必须马上将 CTS 拉高；模块只支持透传模式，不带任何校验格式，用户可自行定义封包格式。

如要修改蓝牙名称或者波特率等，需要用到蓝牙的 AT 指令。表 13-2 所示为几个简单的蓝牙 4.0AT 指令。

表 13 - 2　蓝牙 4.0AT 指令

指令格式	成功应答	参数 para
查询蓝牙名称 AT＋NAME?	AT＋NAME＝para	当前蓝牙名称
修改蓝牙名称 AT＋NAME＝para	AT＋NAME＝OK	自定义蓝牙名称，最长 15 字节，默认名称 SerialCom
查询模块波特率 AT＋BPS?	AT＋BPS＝para	当前模块波特率
修改蓝牙波特率 AT＋BPS＝para	AT＋BPS＝OK	目前支持波特率 2400，4800，9600，19200，38400，57600，115200，默认为 115200
查询模块 MAC 地址 AT＋MAC?	AT＋MAC＝OK	当前模块 MAC
模块复位 AT＋RST	AT＋RST＝OK	—

3.8　串口转 USB 模块

本系统在 PC 上用 LabVIEW 显示心率波形，故用 USB 接口接到 PC 上，而蓝牙模块用的是蓝牙转串口模块，故在此需要用一个串口转 USB 的电路。选择 Prolific 公司生产的高度集成的 RS232 - USB 接口的转换器芯片 PL2303。这款芯片可以非常方便地与 USB 接口进行连接，并提供可靠的双全工异步串行通信。PL2303 芯片的作用是实现 USB 接口和 RS - 232 接口之间的数据转换。作为 USB 和 RS232 双向转换器芯片的 PL2303，一方面接收来自主机的 USB 数据并将其转换为 RS232 信息流的格式发送给外部设备；另一方面又接收来自 RS232 外部设备的数据并将其转换为 USB 数据的格式传送回主机。这些看似复杂的协议工作全部由器件本身自动完成，不需要使用者自行设计协议。PL2303 的外部电路如图 13 - 7 所示。

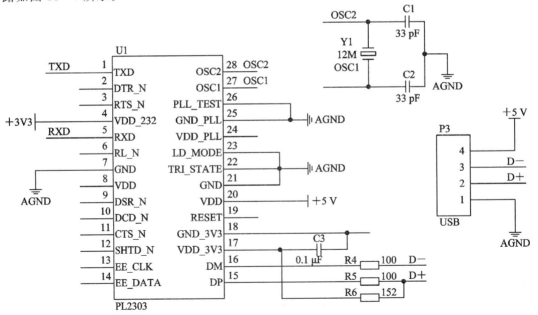

图 13 - 7　PL2303 外部电路

如图 13-7 所示，PL2303 外部仅需三个电阻、一个电容以及一个 12M 时钟（需要两个 33 pF 辅助起振）就可以实现串口转 USB 的功能。其中，TXD 脚连接蓝牙接收模块的 RX 脚，RXD 脚连接蓝牙接收模块的 TX 脚。

3.9 电源管理模块

由于该系统有发射部分和接收部分两个模块，故电源也分为发射部分电源和接收部分电源两个部分。

为了实现心率检测的便携式，发射模块采用 3 V 的纽扣电池供电，由于采用的都是低功率的芯片，所以整个发射模块的实际功耗很低，这样，即使采用纽扣电池供电也能使发射模块工作很长时间。发射模块电源如图 13-8 所示。其中 P2 在这里当作开关使用，D4 这个发光 LED 当作电源的指示灯使用，当开关打开时，LED 发光，说明此时发射模块已经供电，可以正常使用。LED 上串联一个电阻到 VCC 是防止由于电流太大烧坏发光二极管，串联一个电阻使流过发光二极管的电流减小。

接收模块由于需要连接到电脑上使用，在这里就直接用电脑 USB 的电源供电，因此不需要再外接电源。由于电脑 USB 接口输出的电源电压是 +5 V，但是接收部分

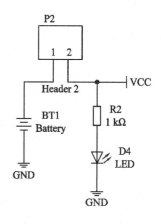

图 13-8　发射模块电源

里的蓝牙模块以及 PL2303 都需要 3.3 V 作为供电电压，因此需要使用一个电压转换芯片将 +5 V 的芯片转为 +3.3 V。这里采用固定输出 3.3 V 的具有 1% 精度的最简单的三端稳压器件 AMS1117-3.3。由于发射模块电源内部集成有过热保护电路和限流电路，因此 AMS1117 成为电池供电和便携式设备电源的最佳选择。接收部分的电压转换模块如图 13-9 所示。为了使 AMS1117 输出更加稳定，需要在输出端连接一个至少 10 μF 的电容。这里在输入输出均加了一大一下两个滤波电容，一方面可以滤除电路的波纹，另一方面可以让 AMS1117 的输出更加稳定。此处同样用了一个发光二极管当作电源指示灯，也串联了一个 200 Ω 的电阻当作限流电阻。

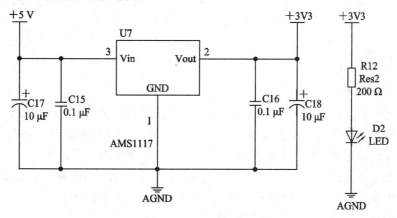

图 13-9　接收模块电源

4 系统软件设计

4.1 软件程序流程图

该系统的主程序流程图如图 13 - 10 所示。

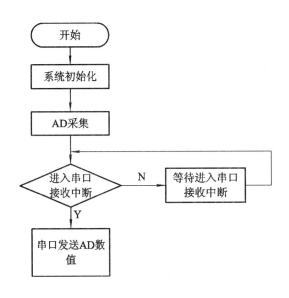

图 13 - 10　软件程序流程图

首先给发送部分和接收部分都上电，让发送模块的蓝牙主机与接收模块的蓝牙从机配对连接。发送模块上电后立刻就开始进行 AD 采集。待蓝牙配对成功后，上位机会发送一个校验字符给发送模块的蓝牙，发送模块收到来自上位机的校验字符后进入单片机的串口接收中断，此时单片机将采集的 AD 值通过蓝牙发送出去。AD 值被接收模块的蓝牙接收，通过串口传给上位机的 LabVIEW，LabVIEW 将 AD 值反转化为模拟量，最后将波形显示在屏幕上。

4.2 模块说明

1. 串口初始化模块

串口初始化模块的目的是配置串口参数。如波特率的设置、起始位的设置、奇偶校验位的设置、数据位的设置、停止位的设置等。switch(parity) 函数为选择奇偶校验位的函数，里面的参数为 n 表示选择无奇偶校验位，参数为 o 表示选择奇校验位，参数为 e 时表示选择偶校验位。switch(stopBits) 函数为选择停止位的函数，参数为 1 表示选择 1 位停止位，参数为 2 表示选择 2 位停止位。switch(dataBits) 函数为选择数据位函数，参数为 7 表示选择 7 位数据位，参数为 8 表示选择 8 位数据位。

2. AD 初始化模块

AD 初始化模块主要是对 AD 模块进行一些参数配置。switch(mode)函数为选择转换模式的函数，如果参数设置为 1，则选择的转换模式为单通道单次转换；如果参数设置为 2，则选择的模式为序列单次转换；如果参数设置为 3，则选择的模式为单通道多次转换；如果参数设置为 4，则选择的模式为序列多次转换。switch(AD_clk)函数为选择 AD 的时钟源函数，如果参数设置为 1，则选择的时钟源为 ADC12 的内部振荡器时钟；如果参数设置为 2，则选择的时钟源为 ACLK；如果参数设置为 3，则选择的时钟源为 MCLK；如果参数设置为 4，则选择的时钟源为 SMCLK。

3. 主函数

```
int main( void )
{
    WDTCTL = WDTPW + WDTHOLD;           //关闭看门狗
    Init_clk();                          //时钟初始化
    USART_Init(115200, 'n', 1, 8);       //串口初始化
    AD_config();                         //AD 初始化
    IEX |= URXIEX;                       //串口接收中断使能
    _EINT();                             //总时钟中断使能
    while(1)
    {
        AD_Start();
        ad=ad_result[0];
    }
}
```

主函数是系统软件的最核心部分，系统进入 main 函数后开始调用各个子函数。首先关闭看门狗，然后进行时钟初始化，即配置时钟，将 MCLK 配置为 8M；然后调用串口初始化函数，即配置串口的参数，将波特率设置为 115200，奇偶校验位选择为无奇偶校验位，停止位选择为 1，数据位选择为 8；接着进行 AD 初始化并打开串口的接收中断，准备接收来自上位机的帧同步校验字，接收到上位机的校验字后，将 AD 值传给上位机。此时就可以实现下位机和上位机的通信。

4.3 上位机显示处理模块

1. LabVIEW 简介

LabVIEW(Laboratory Virtual Instrument Engineering Workbench)是美国国家仪器公司研制开发的一种类似 C 和 BASIC 的程序开发环境。LabVIEW 与其他计算机语言不同的是：其他计算机语言基本上都是采用基于文本的语言来生成代码，而 LabVIEW 软件则是采用一种叫作图形化的编辑语言(又称 G 语言)来编写程序的，并且其产生的程序是以框图的形式存在的。LabVIEW 程序开发环境集成了工程师和科学家快速构建各种应用所需要的工具，由于其使用简单、界面优美，因此成为开发测

量和控制系统的理想选择。

作为图形化程序开发环境的 LabVIEW，同样拥有一个庞大的数据库，并且这个数据库能完成任何的编程任务。LabVIEW 的数据库自身集成了满足 GPIB 通信协议、RS-232 通信协议和 RS-485 通信协议的所有硬件，并且能够实现与外部的数据采集卡通信的全部功能。LabVIEW 是一款功能非常强大而且使用起来非常灵活的上位机软件，具有图形化界面，用户可以非常方便地使用这款软件建立自己需要的虚拟仪器，也使得编程非常简单和形象。

在使用图形化的编程语言进行编程时，基本上不需要写程序代码，而是采用一种类似流程图的形式，相互之间采用数据流通信。LabVIEW 所使用的图形和函数，都很简易，普通用户都能看得懂，并且用户还可以自己动手做一些需要的子 VI，这也使得 LabVIEW 成为了一个面向最终用户的工具。由于各种函数 LabVIEW 均做成了子 VI 的形式，因此它用起来特别容易且高效，利用它做上位机开发式可以大大提高效率。

2. LabVIEW 串口通信

上位机实现与下位机通信最简单的方式就是通过串口实现，而本系统用的正是串口通信。想要在 LabVIEW 上使用串口通信，首先一定要先在电脑上安装 VISA（虚拟仪器软件体系结构）的驱动程序函数，然后在生成的目标机上也要装上 VISA 的驱动函数，这样才能实现 LabVIEW 与下位机的成功通信。基于 LabVIEW 可以把几个函数部分集成一个 VI 函数的优点，用户在编写 VISA 接口程序时，如果需要变更外部设备，在 LabVIEW 里仅需更换几个程序模块即可。因此使用 VISA 与下位机进行串口通信，开发方法不仅简单方便而且效率非常高。为了方便用户在 LabVIEW 中使用 VISA 函数进行串口数据通信，LabVIEW 的开发人员将这些 VISA 节点组成了相应的易直接使用的模块。这些模块共有 8 个，其中比较重要的 4 个实现的功能分别是串口初始化、串口写入、串口读取以及串口关闭。

3. LabVIEW 与下位机通信

为了提高传输速率，将蓝牙的波特率设置为 115 200，相应地，就需要把单片机和上位机的串口波特率设置为 115 200。如果让单片机通过蓝牙将 AD 值一直发送，LabVIEW 接收则是一位一位地接收，这并不是想要的效果。于是就想办法让上位机先发送一位帧同步的校验字，只有当单片机收到来自上位机的这个校验字，才会发送一次 AD 值，下一次收到校验字后再发送一次 AD 值。让上位机部分每 20 ms 发送一次校验字，这样接收和发送部分都不会发生紊乱，而且上位机部分能够较好地还原心率波形。

最终的 LabVIEW 前面板的界面如图 13-11 所示。在前面板上，可以很清楚地在心率波形的波形表里看到采集的心率信号波形，而且可以通过下拉列表来设置计算机与下位机连接时检测到的 COM 口，不用每次检测都通过 LabVIEW 重新设置，这样就给用户带来很大的方便。同时，在前面板里，可以自由地设置串口通信的一些参数，比如波特率和数据位等，当然还有隐藏的停止位、奇偶校验位等。在前面板上，还添加了一个心跳的指示灯控件，这个控件的作用是用户的心跳每跳动一次，相应的指示灯就亮一次。对应 LabVIEW 前面板的程序框图如图 13-12 所示。

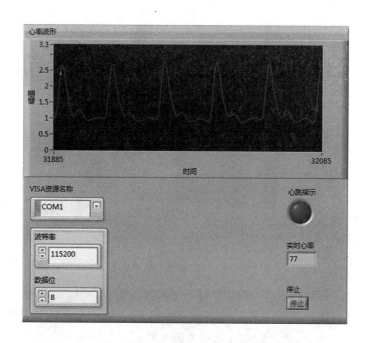

图 13 - 11　LabVIEW 前面板

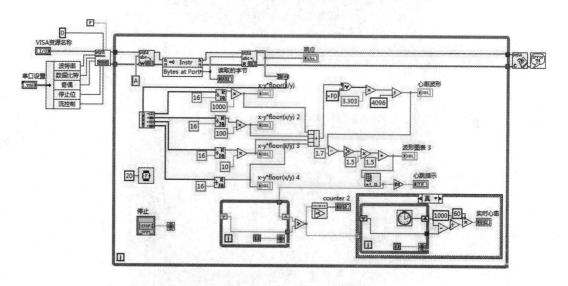

图 13 - 12　LabVIEW 程序框图

5　系统的安装、调测

经过对整个基于 LabVIEW 的心率传输系统的详细分析与论证，以及对于系统软硬件的设计，购买相关的模块以及相应的器件，成功地将各个模块焊接到一起，形成了完整的系统。其中系统发射模块如图 13 - 13 所示，系统接收模块如图 13 - 14 所示，整个系统测试图如图 13 - 15 所示。

图 13 - 13　系统发射模块

图 13 - 14　系统接收模块

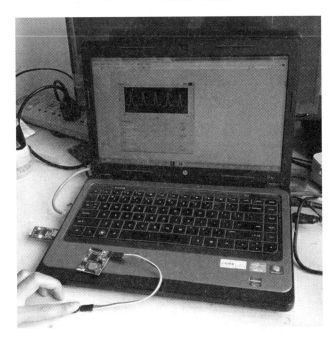

图 13 - 15　整个系统测试图

如图 13 - 13 所示，发射模块采用纽扣电池给整个模块供电，心率传感器通过杜邦线连接出去，模块的 MCU 采用的是 MSP430F149，蓝牙模块的核心采用的是 TI 公司的 CC2541 芯片。

接收模块如图 13 - 14 所示，该模块首先包括一个蓝牙，该蓝牙模块同样是以 TI 公司的 CC2541 为核心，用 RS232 - USB 芯片 PL2303 将串口信号转为 USB 接入电脑。

调试过程：在调试之前，首先要确保检查发送模块和接收模块供电的正常，一定不能出现短路的情况，如果短路可能会烧坏很多芯片，最终导致整个系统的崩溃。如果出现不正常的状况，应该立马断电并用万用表做短路检查，再上电进行逐级分析和排查。本系统在调试过程中最重要的是心率信号采集电路的处理以及无线蓝牙传输。由于心率信号采集的波形已经是放大抬升后的，故只需要做一个 50 Hz 陷波处理就可以了。通过陷波后的波形在复制上完全满足单片机 AD 采集的要求，所以就直接用单片机的内置 AD 对波形进行采集。

在计算机上首先将 LabVIEW 程序写好，但是上下位机通信的时候很容易漏包，一旦发生漏包，后面的数据往往就会全部错误。在 LabVIEW 中加了一个延时和帧同步校验字，即每隔 20ms 发送一个校验字到单片机，单片机收到这个校验字则发送一次 AD 值，这样就不会出现漏包和数据紊乱的情况。

结　　论

基于 LabVIEW 的心率测试仪的研究，其出发点是用于医疗设备或者家用便携式日常测量。在医院，医生或者护士可以利用其同时实时监测多个病人，而且由于是实时传输，所以该套设备应用在病人身上或者被测试者身上并不影响其正常活动。整个系统的设计核心就是对于蓝牙传输的理解和控制以及上位机显示界面的编程。在经过查阅一系列的资料和文献，并结合当下成熟的技术，最后确定了本文的方案。

在本次课题研究中，以 MSP430F149 为主控制芯片，并且把心率测试模块、蓝牙传输模块以及上位机显示模块很好地结合到了一起，构成一个完整的系统，经测试，性能比较好，具有很强的实用性。但是由于时间和技术有限，本设计仍有一些不足，比如上位机显示没能够用一些更好的算法，再或者可以将传感器改为测量心电波形的传感器，因此，该系统仍然有很大的改进空间。

十四　简单四旋翼飞行器控制模块的设计

作品设计　毛潭若　王远

摘　　要

四旋翼飞行器由于其体积小，重量轻，结构简单，操作较为简便，可以在狭窄的地方垂直起降，近年来受到越来越多人的关注和使用，在日常生活、搜救任务和执法行动中都有亮眼的表现，起到了重要作用。本设计采用意法半导体的STM32系列单片机作为控制核心，利用MPU6050姿态传感器采集四旋翼飞行器的姿态数据，经过互补滤波算法和PID算法求出姿态角以及姿态控制，将采集到的飞行状态信息传输到单片机，经过单片机处理后输出相应信号驱动电机，控制电机的旋转速度来获得不同的升力，实现不同的飞行姿态。经过实验与调试，在已有的遥控器控制四旋翼飞行器飞行的基础之上，实现了较为平稳的一键起飞、一键降落、定高悬停以及前后左右四个方向的翻转。实验表明，四旋翼飞行器能实现上升、下降、水平飞行等飞行状态的平稳切换，设计目标基本实现。

关键词：STM32；四旋翼飞行器；PID控制；定高悬停

1　引　　言

近年来，四旋翼飞行器因其灵活的机动性、优良的飞行性能和方便的可操作性，使其在日常生活、救援行动、探测行动等方面的使用愈发增多，其应用开发也越来越多样化、个性化，这些都给人们的日常生活带来了更多的便利和保障。

传统直升机具有一个大型的主旋翼和一个小型的尾桨，它是通过改变螺旋桨的桨距和转动速度来改变产生升力的大小和方向，以实现直升机的姿态控制，而四旋翼飞行器与之有较大差异，它是通过控制电机的转动速度来改变旋翼的转速，从而产生不同大小的升力，进而控制四旋翼飞行器的飞行姿态。四旋翼飞行器的输入力有四个，而输出状态却有六个，这个系统是一个欠驱动系统，而且，由于改变四旋翼飞行器的飞行姿态的方法是调整四个旋翼的转动速度，这样会导致它的动力缺乏一定的稳定性，因此，如何实现长期较为稳定的姿态控制是一个难点。

本设计的四旋翼飞行器机架呈 X 型,四个电机分布于飞行器的四个角上,在正常工作时,对角线上的电机旋转的方向是相同的,相邻的两个电机旋转的方向是相反的,所以,当四旋翼飞行器保持平衡飞行时,四个电机旋转产生的扭矩被相互抵消。

本设计的主要目标是实现四旋翼飞行器的稳定飞行以及悬停,通过 MPU6050、气压计等传感器采集到的数据实现姿态解算以及控制,在此目标下,实现一键起飞、一键降落、定高悬停、翻转等。

2　总　体　设　计

四轴飞行器的测量控制系统是一种集测算于一体的智能系统,由它来产生控制信号。要使四轴飞行器测算出不同的飞行姿态和功能实现,通常都是采用反馈补偿控制,需要在飞控的主要板载框架上放置集陀螺仪、加速度计于一体的姿态传感器和测量高度的传感器(如气压计、超声波测距)等。通过反馈的位置、高度或角度等信息,经过误差消除算法解算这些信息,再通过合理的控制算法产生准确的控制信号,通过电机调速器调节四个无刷电机的旋转的速度与方向等,进而实现各种姿态的控制和其他功能的实现。

无人机的姿态测算和其他测量控制系统的硬件组成的框图如图 14-1 所示。该系统包括姿态解算、高度测量、电量提醒、双向通信等过程。

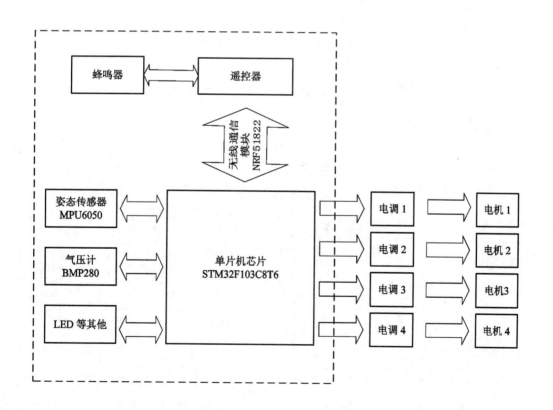

图 14-1　系统框图

3 硬件设计

3.1 单片机电路设计

    STM32F103C8T6 是 STM32F103 系列单片机的其中一种，它容量较大，性价比较高，有较高的片上集成度，非常适合应用于嵌入式设计。它的内部含有一个 RC 振荡电路，在出厂时就已经调试为 8 MHz，它拥有串口调试和 JTAG 接口，除此之外，还具备上电复位和掉电自动复位等功能。它的内核是 Cortex - M3 内核，其中含有复杂指令集，它的通信接口多达 13 个，DMA 控制器的通道数为 12 个，此外，它还有完善的总线矩阵，可变静态存储器（FSMC）。

    因为 ARM 公司生产了 STM32 系列单片机的核心，其核心构架如图 14 - 2 所示，所以这些单片机对 ARM 的工具和软件有着非常高的兼容性。在微控制器的需要上，ARM 的 Cortex - M3 内核提供了一个精简的指令集，可以帮助提高代码的编写速率，提供了一个价格比较低廉的平台，设备的输入输出功率的消耗也被大大降低，引脚数目减少的同时提供了高速的运行速度以及操作系统的快速响应。STM32 的核心架构如图 14 - 2 所示，STM32F103C8T6 最小系统原理图如图 14 - 3 所示。

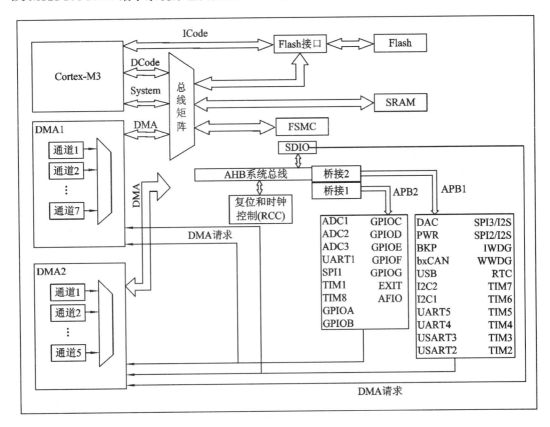

图 14 - 2　STM32 核心架构图

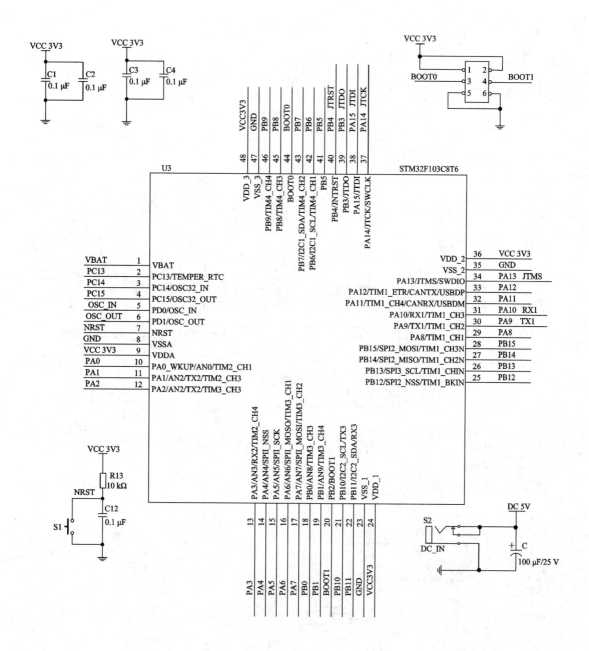

图 14 - 3　STM32F103C8T6 最小系统原理图

3.2　飞控电路设计

飞控电路如图 14-4 所示，该原理图包含了电机驱动、IMU 模块、电源模块、JTAG 调试接口、主 MCU 电路、无线收发模块。

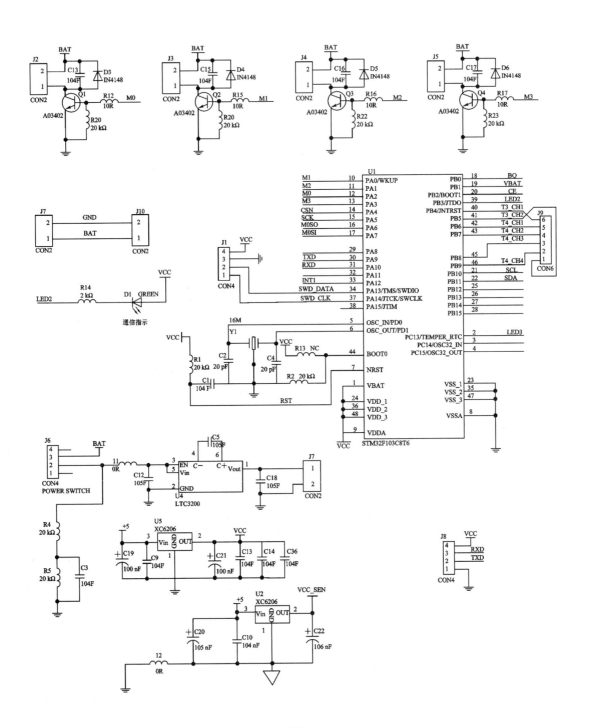

(1)

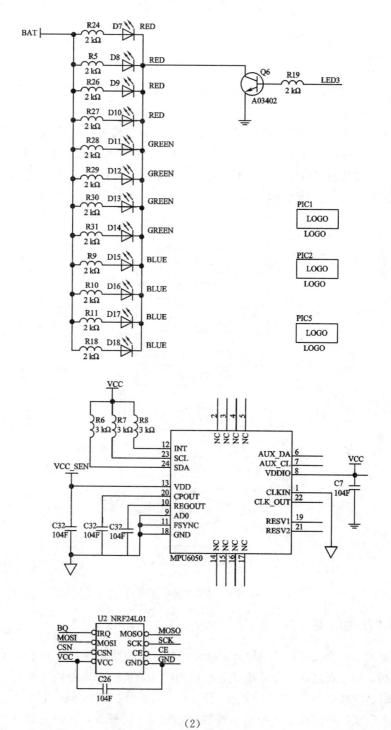

（2）

图 14-4 四轴飞行器飞控板原理图

4 软件设计

4.1 总体方案

本四旋翼无人机设计所涉及硬件内容较少，主要是软件程序的设计，所以整个设计的核心部分就是在软件程序的设计与开发上。

对于四轴的程序设计，主要由两部分构成，一个是四轴飞控的软件程序设计，一个是四轴遥控器的软件程序设计。使用 Keil5 软件对程序进行编程开发，这个编译器是 STM32 系列单片机程序设计的最精简、最易于上手的软件，不仅支持 C 语言编译，这个软件还具有直观的调试等有助于代码转换的功能。软件程序流程图如图 14-5 所示。

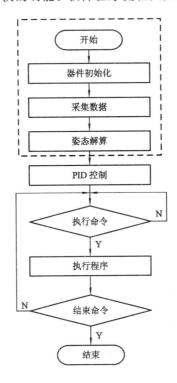

图 14-5 软件程序流程图

4.2 单级 PID 和串级 PID

PID 控制的字面含义是比例、积分、微分控制。它的原理就是将测量变量的实际值与期望值相比较，用二者之间的差值来纠正系统的响应，执行相应的调节控制。在 PID 控制中，比例控制 P 是基础部分，可以消除稳态误差的是积分控制 I，同时它有可能会造成增加超调的后果，所以往往需要微分控制 D 来减弱超调趋势，而且，微分控制的存在还可以加快大惯性系统响应速度。

单级 PID 如图 14-6 所示。图中的测量角度是指传感器测量的四旋翼飞机的三个姿态角，这三个姿态角在 PID 控制计算时是相互独立的，期望角度指的是人为的操作输入，二者的差值作为 PID 控制器的输入。

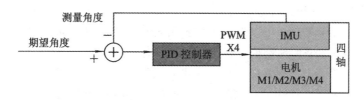

图 14 - 6　单级 PID 框图

如图 14 - 7，期望角度是指外部的操作输入，测量角度来自传感器，二者的差值是外环角度环的输入，在内环角速度环部分，输入是来自于外环角度环的输出与测量角速度的差值，即外环输出与传感器测量的角速度之差，内环角速度环输出相应的控制量，然后将控制量转换为 PWM 去控制四个电机，改变电机的转速，从而控制四旋翼飞行器的飞行姿态，使四旋翼飞行器在空中保持稳定或者以某一角度朝着某一方向飞行。

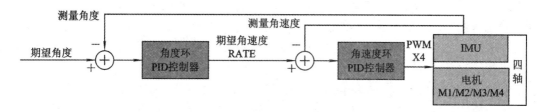

图 14 - 7　串级 PID 框图

串级 PID 其实就是将两个单级 PID 串起来，两个 PID 控制的效果会比单个 PID 的控制效果好得多，因为串级 PID 控制的变量更多，这样做可以增加系统的稳定性，并使四旋翼飞行器更具适应性。

在 PID 参数调试过程中，随着内部 P 逐渐增大，用手去拉动四旋翼会越来越困难，就好像是它对你的反抗越来越大。增大到较大的数值后，四旋翼飞行器开始失去稳定，高频振动将持续产生，高频振动持续增加将导致四旋翼飞行器本身无法保持稳定，在没有人为干扰的情况下，四旋翼飞行器也很容易翻倒。对于内部 I，随着它的增加，系统的稳定性会先增加，到达某一数值后，突然间开始下降，继续增加则会造成四旋翼飞行器不能稳定。对于内部 D，由于四旋翼飞行器在飞行时本身振动就比较大，所以陀螺仪在测量时的值变化就比较大，此时在微分计算中就较容易引入多余的噪声，为了减小噪声带来的影响，可以适当做一些滤波处理，从小增大，四旋翼飞行器会再回到原来的状态，在这个过程中变得更加平稳，其余的地方并没有多大改变。与里面的环相似，外部参数的变化对四旋翼飞行器产生的影响几乎相同，例如，增大外部 P 的参数值，四旋翼飞行器的响应速度越来越快，但是持续增大 P 的参数值时，四旋翼飞行器会变得愈来愈敏感，其机动性也愈发增强，但是不稳定性也在不断增加，翻机的趋势也在不断加大。

4.3　定高飞行模式

定高模式下，油门控制模式将会切换为 Z 轴速度模式，本设计中的四旋翼飞行器带有一个高精度气压计 BMP280，能够实现 Z 轴自主悬停，将该气压传感器测量的数据和 Z 轴速度数据融合，融合的数据作为四旋翼飞行器的高度测量值，高度期望值则来自 Z 轴设定值的积分，期望值减去测量值的差即所需的偏差值。Z 轴高度 PID 控制器的输入正是这个偏差值，输出则是油门控制变化量，这个值加上油门基准值就得到了实际油门值。得到实际油门值和姿态控制量数据，可以把两个数据量进行整合，整合周期为 1 kHz，然后通过输出 PWM 控制电机，从而控制四旋翼飞行器的飞行姿态。

为了让四旋翼飞行器能够在某一固定高度保持不变，需要用到 Z 轴高度 PID，在这个函数原型中的 thrust 是一个 float 类型指针，它指向实际的油门值变量。实际油门值由两部分组成：定高油门基准值和 newThrust。油门基准值 posPid.thrustBase 决定着四旋翼飞行器定高飞行时的油门大小，这个值对四轴悬停有很大作用，对四轴的定高效果的影响也非常直接。对于基础油门值的调整，则需要用到 detecWeight 函数，这个函数的作用是检测四旋翼飞行器的重量，它的实现原理为：在每次四旋翼飞行器起飞后，这个函数会实时检测 Z 轴方向的速度值，如果在持续的一段时间内，Z 轴方向上的速度都接近于 0，这就说明此时的这个油门值可以让四轴接近悬停，然后再把这个值做一些适当处理，将处理之后产生的新值用作新的油门基准值。newThrust 是实际油门值的另外一部分，这个值等于 Z 轴 PID 的输出与一个油门放大倍数 THRUST_SCALE 相乘。

在 Z 轴的定高 PID 程序中，标志当前控制模式的是变量 isAltHold，它是 setpoint 结构体指针的 bool 型成员变量，当它为 true 时，说明当前模式是定高模式，它为 false 时，说明当前模式是手动模式，axis -> preMode 这个参数记录的是上一次的控制模式。如果上一次为手动模式，当前为定高模式，那就说明发生了模式切换，这样会导致定高 PID 复位（PID 结构体对象之前的偏差项、微分项、积分项将会被清除）。同时可以看到高度期望值 axis -> setpoint 是通过 Z 轴油门速度的积分后得到的，测量高度值来自气压计值和 Z 轴测量速度值的融合，经过 PID 更新后输出油门控制量，然后把这个值和油门放大倍数 THRUST_SCALE 相乘以后就得到 newThrust。

在一键起飞时，四旋翼飞行器接收来自遥控器的按键信号，从地面上起飞，先是经历了一个短时间的加速阶段，然后缓慢减速，在距离地面大概 1 m 时，会执行定高飞行的相关程序，进入悬停状态时，四旋翼飞行器会将气压计的数据与 Z 轴速度数据相融合，结合 Z 轴高度 PID 控制，计算相应的控制量，并且输出信号控制电机的旋转以获得与它本身所受重力大致相等的升力。四旋翼飞行器能够保持在距离地面大概 1 m 的位置，由于外界温度、风速等因素的影响，四旋翼飞行器可能会出现较大偏移，而且由于四旋翼飞行器自身的损耗以及传感器的精度问题，导致其在定高时会有一定的误差。

一键降落与一键起飞是同一个按键，按键有状态切换功能，在四旋翼飞行器开关开启之后，第一次按下按键会使四旋翼飞行器正常起飞，第二次按下按键会进入一键降落模式。

在一键降落模式时，四旋翼飞行器的四个电机的转速逐渐减小，以某一加速度向下运动，然后会进入一个减速阶段，在距离地面一定距离时，使其速度减小至大概为 0，然后四旋翼飞行器会关闭电机，停止电机的旋转，安全降落至地面。

4.4 四旋翼飞行器空翻动作的实现

在翻转过程中，需要使用到内部 PID 控制器，也就是角速度环 PID 控制器。姿态角的期望值直接用作内环角速度环的期望值，而内环测量值使用三轴陀螺仪的实时数据，控制四旋翼飞行器的转动角速度让它翻转过来。

在空翻这个过程中，四旋翼飞行器的状态变化很快，需要用一个参数来指示空翻的状态变化，这个参数是 flipState。

FLIP_IDLE 表示的是空翻空闲状态，在这个状态下，四旋翼飞行器会实时检测是否要执行空翻命令。一旦检测到来自外部的空翻指令，则将当前状态切换到 FLIP_SET，在这个状态下，设置一些四轴翻滚用到的参数，比如前后左右。参数设置完成后，四旋翼飞行器会切换到一个加速上升的状态 FLIP_SPEED_UP，因为在空翻过程中存在掉高的问题，所以在进行真正的翻滚动作之前，需要先让四旋翼飞行器向上加速一段时间，当 Z 轴方向的速度达到一定值后，马上会进入减速状态。之所以在翻滚之前需要这个减速状态，是为了更好地实现空翻这个过程。当四旋翼飞行器减速到某一设定值后，它才进入真正的翻滚状态 FLIP_PERIOD，而之前的所有状态都是为空翻过程做准备的。在这个 FLIP_PERIOD 状态下，可以按照设定的方向设置四轴角速度的值，由于只使用了内环角速度环，并没使用外环角度环，此时，四旋翼飞行器就没有自稳模式，四旋翼飞行器就会按照设定的方向以设定的角速度转动，同时对角度进行积分，当这个积分值达到 360°时，说明四旋翼飞行器绕某个轴转动一圈了，那么它的状态会切换到 FLIP_FINISHED，四旋翼飞行器会有一个反向加速的过程，让自身稳定下来。这就是一个完整的实际空翻过程。当四旋翼飞行器到达 FLIP_FINISHED 这个状态时，表明已经完成一次空翻，然后四旋翼飞行器会清空一些空翻参数，以便进行下一次空翻，之后，状态会回到 FLIP_IDLE。如果进入 FLIP_ERROR 状态，表示空翻过程出错，这个错误有可能是参数设置错误，也可能是意外碰撞等原因造成的。

5 系统的整体组装和调试

5.1 硬件电路

1. 总体特点

四旋翼无人机所涉及的硬件器材与电路的总的特点是：

(1) 可查可用的资料非常多，原理图清晰，可供借鉴。

(2) 制作工序较为复杂，硬件的搭载与调试所需的周期长。

因此，在有限的时间内，选择购买一套简易的可供二次开发的套件来替代繁琐的硬件设计流程，将重心放在功能扩展与调试上。

2. 电路划分

为方便分区，把电路划分为飞控电路和遥控电路两大块。

3. 焊接

焊接工作仅需要将排针焊接在遥控板上，排针所焊的接口为 UART 串口，可供飞控与上位机通信。

四轴飞行器实物如图 14-8 所示。

图 14 - 8　四轴飞行器实物图

5.2　调试

1. 定高模式调试

一开始在调试定高飞行模式时，出现飞行器达不到 1 m 的设定高度，总是在 40～60 cm 的状态下飞行，经原理分析与测量，原因是标定的高度参数与实际高度不匹配，经过多次修改尝试最终调试完成。

2. 翻转调试

翻转调试的过程中，在一次翻转测试时四轴突然"炸机"，经过排查检验，发现其中一个电机由于未知原因烧坏了，经过更换电机后，四轴一键起飞时方向总向右侧偏移，修改了新电机的 PWM 的输出占空比，使四轴能够平稳飞行后再测试翻转功能，前后翻滚功能成功，随之通过遥控器按键定义调试出其他方向的翻转功能。

6　结　　论

本设计内容完成了创新实验的要求，实现了四轴飞行器姿态的测算、高度测量、低电量报警等功能，也实现了较为新颖的其他功能，如一键起飞、降落、扔飞、定高飞行、翻转等。

（1）四轴飞行器是一个极不稳定的系统，在调试过程中会碰到许多意想不到的结果，例如四轴在满电和低电状态下，实现同一种功能时就会呈现出截然不同的表现，且肉眼可以清晰分辨出其中区别，所以所有的调试与功能都要求在电量充足的状态下去进行实验，否则保证不了可靠性，这着实增加了不少的工作量与准备时间。

（2）在定高模式下，由于气压计对于高度的测算会有 10～20 cm 的误差，所以当飞行器进行定高飞行时，会有一定的上下波动与调整，除非更换更高精度的超声波测距传感器，否则没有办法做到特别准确的定高；在一键降落的模式下，飞行器在靠近地面后不会立即静止，有时会向上反弹一定高度后又继续下落静止。考虑到地面效应的存在，飞行器质量轻、体积小，且转速的调整已达到极限，所以会有一些美中不足。

（3）扔飞功能的实现并不意味着可以随意将飞行器向各种方向抛出，受器件等因素限制，只能做到慢速扔飞，能使飞行器检测到姿态变化并立即产生动力，才能实现扔飞。

（4）翻转功能实现较为成功，可以在前后左右四个方向进行翻转，且翻转效果好，但翻转需要在比较空旷的环境下进行，不可离地面过近，否则容易"炸机"。

由于精力、时长有限，在四轴飞行器高度测算方面仍有缺陷，有很多可以进步的空间，比如可以实现飞行器高度的实时定位等。此外在无人机的调试工作中，由于人为失误、设备等不可抗的原因，出现过器件损毁、框架损伤等状况，同样是对设计工作的一种挑战。

本设计展现了独立思考问题、解决问题的能力，有机会用所见所学去完成属于专业范畴内的创新课题，这不仅是一种挑战，同样是对身心的锻炼，接触到行业之中最常见、最值得去解决的问题，对未来的学习和工作都有帮助。

十五　视力保护系统设计

作品设计　傅裕

摘　　要

目前人们对视力的保护意识越来越薄弱，或者说根本没有意识，从而导致越来越多人的视力严重下降。既然自己控制不好，保护不好视力，那么有一个视力保护的仪器是很有必要的。所以选择了该课题——视力保护系统设计。

本设计制作的视力保护系统起到提醒人们正确用眼、保护视力的作用。视力保护系统主要包括 HC‐SR04 超声波测距电路和 GY‐30 光照传感器测量光强电路。本设计以 51 单片机为核心处理器，通过超声波测距电路获取使用者眼睛和书本之间的距离，光强电路获取当前使用者的环境光线，把结果显示在 LCD1602 液晶显示屏上。当光强和距离不在合适范围内的时候，就通过蜂鸣器报警电路和 LED 醒电路来提醒使用者注意用眼距离和调整环境光线，以达到保护视力的目的。对该系统进行测试后发现，能较为精确地获取使用者眼睛与书本等之间的距离和环境光线强度，在必要的时候能够提醒使用者，从而有效地起到了保护使用者视力的作用。

关键词：超声波测距；光照强度模块；51 单片机；视力保护

1　引　　言

目前，学生的视力下降越来越严重，成为了社会上一大严峻的问题，让越来越多的人对视力开始关注起来。更令人不可思议的是，在国内，由于高度近视而导致失明的人已达 30 万之多，因此对学生、小孩近视的防治越来越重要。它逐渐地被全社会所重视。

纵观国内外，越来越多人视力下降，只能靠眼镜和手术来提高自己的视力，但是眼镜太过麻烦，成为生活中的一大累赘；手术又存在很大的风险。人们往往对视力的下降说得多而做得少，所以制作视力保护系统有其必要性。

现在市面上的产品大多都是通过矫正坐姿等方式来保护视力的，但是这些方式其实过于宽泛，没有针对性也不够直观。目前社会和科技发展的日新月异，传统的保护视力的方法已经落后，应该也让它随着社会和科技的进步不断更新。也有人设计过类似的视力保护系统，但是它的测距不准确，误差比较严重，而且没有清晰明确的数据让使用者看到，不知道是什么原因导致了自己近视。本设计能够自己设定最适合的用眼距离，也能够直观地看到自己的眼睛与书本或者显示器之间的距离和此刻的环境光线强度。当获取的这些信息不适合用眼时，还能够及时报警来提醒使用者注意离书本等远一些或者调整好环境光线再继续学习、工作，从而达到保护视力的目的。

但是要实现这些目的，就需要有一定的电子方面的专业知识，并且查阅相关的文献资料和涉及该课题领域的知识点；巩固知识的作用，并且把学到的理论知识转化后应用在实际的生活当中，学以致用。希望该设计在生活中能真的应用起来，起到真正保护使用者视力的作用，让全社会乃至全世界的人们视力下降的慢一点，甚至不再增加近视的人数。

2 总 体 设 计

本视力保护系统主要包括超声波测距电路、光照传感器测光强电路、液晶显示电路、蜂鸣器报警电路、LED(Light Emitting Diode，发光二极管)显示电路和按键电路，总体系统框图如图 15-1 所示。以 51 单片机作为核心的处理器，通过以 HC-SR04 传感器为主的超声波测距电路获取使用者眼睛和书本之间的距离，以 GY-30 传感器为主的光照强度电路获取当前使用者的环境光线强度，把结果显示在 LCD1602 液晶显示屏上，并且可以通过按钮电路来设置每个不同的使用者最适宜的用眼距离，当用眼距离不在合适的范围内或者环境光线不利于用眼的时候，就通过报警电路和 LED 灯的显示电路来提醒使用者注意用眼距离和调整当前的环境光线，从而达到保护使用者视力的目的。

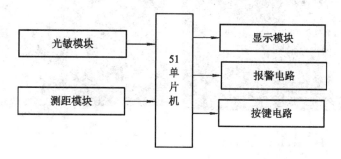

图 15-1 视力保护系统的设计总体框图

3 硬 件 设 计

3.1 单片机的选择

本设计采用 STC 公司推出的一款经典的单片机——STC89C51 单片机，它是一款超强抗干扰、加密性强、在线可编程、高速、低功耗 CMOS 8 位的单片机。

STC89C51 系列单片机兼容标准 8051 的单片机。STC89C51/52/53/54/55/58/516 芯片分别含有 4K/8K/15K/16K/20K/32K/64K 字节 FLASH ROM 供用户编程使用。除了

内含 FLASH ROM 容量的不同外，STC89C 系列单片机还分成 STC89C5xRC/RD＋(VCC 为 5 V)、S17C89LE5xRC/RD＋(VCC 为 3.3 V)、STC89LE5xAD(VCC 为 3.3V，带 8 位 A/D 转换电路)等型号。它有以下主要特点：

(1) 输入输出端口：P0～P3 四种端口设计，方便功能扩展。

(2) 定时/计数器内部程序存储器 ROM：具有 4K 的存储容量。

(3) 内部数据存储器 RAM：256B(128B 的 RAM＋21B 的 SFR)。

(4) 寄存器区：内设有 4 个寄存器区，每一个区有 R0 - R7 八个工作寄存器。

(5) 8 位并行数器：2 个 16 位的定时/计数器。

(6) 串行端口：全双工的端口(RXD：接收端，TXD 发送端)。

(7) 中断系统：设有 5 个中断源。

(8) 系统扩展能力：可以连接到外部 ROM 和 RAM，大小分别为 64K 和 64K。

(9) 堆栈：设在 RAM 单元中，在内存单元中，可以浮动两个栈指针，从而来确定堆栈的位置。

(10) 布尔处理机：布尔运算的指令，用于各种逻辑运算。

(11) 指令系统：此款单片机总共包含约 111 条指令。它的主要功能大致可以分为算术运算、布尔操作、控制转移、逻辑运算和数据传送等 5 大类。

3.2 测距传感器模块电路

HC-SR04 是一款简单易学的超声波测距传感器，实物如图 15 - 2 所示。它有四个端口，分别为 U_{cc}、Trig(控制端)、Echo(接收端)、Gnd。

图 15 - 2   HC-SRO4 超声波传感器实物

它的使用方法比较简单：控制口发一个 10 μs 以上的高电平，然后在接收口等待高电平的输出。当检测到有输出的时候，就开定时器计数，直到此口变为低电平之后，读出定时器的值。这中间的时间就是这次测距超声波传输的时间。最后根据公式算出传感器与检测物之间的距离。如果想要获得更加精确的值，就可以多次测量，取平均值。

1. HC-SR04 工作原理

(1) 采用 IO 触发测距的方式，给至少 10 μs 的高电平信号。

(2) 超声波模块发送 8 个 40 kHz 的方波，然后检测是否有返回过来的信号。

(3) 当有返回的信号时，通过 I/O 口输出高电平，高电平持续的时间就是超声波从发射到返回的时间。

（4）测试距离 $s=\dfrac{\text{高电平时间 t}\times\text{声速}(340\ \text{m/s})}{2}$。

2. 注意事项

（1）该模块不能带电连接。如要带电连接，则先连地端，否则会影响模块的工作。

（2）测距的时候，被检测的物体面积不应该小于 $0.5\ \text{m}^2$，并且要尽量的平整，否则会对测试结果产生较大的影响。

（3）由于超声波测距的结果与被测物表面的材料有非常大的关系。比如布料和毛料对超声波的反射率很小，会对测量的结果产生很大的影响。

3. 超声波时序图

超声波时序图如图 15 - 3 所示。只需提供一个 $10\ \mu\text{s}$ 以上的脉冲触发信号，该模块内部将发出 8 个 $40\ \text{kHz}$ 周期电平并检测回波。一旦检测到有回波信号，就输出回响信号时间间隔，可以计算得到距离。单位换算公式为：

$$\mu\text{s}/58=\text{厘米 或者 }\mu\text{s}/148=\text{英寸}$$

或是

$$\text{距离}=\dfrac{\text{高电平时间}\times\text{声速}(340\ \text{m/s})}{2}$$

建议测量周期在 $60\ \text{ms}$ 以上，以防止发射信号对回响信号产生不必要的影响。

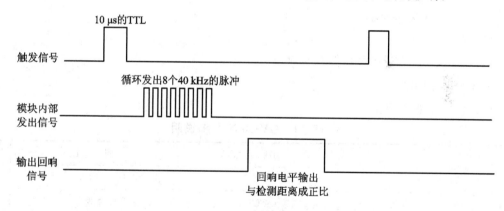

图 15 - 3　超声波时序图

4. 超声波测距电路

根据烧录到单片机中的代码，HC - SR04 的 VSS 引脚接高电平 5 V、GND 引脚接地、Trig 引脚接 51 单片机的 P2.2IO 口、Echo 引脚接 51 单片机 P2.3IO 口即可。当接上电源后，根据代码测距传感器测得的距离，直接显示在 LCD1602 液晶显示屏第二行上。

3.3　光照度测量电路

GY-30 模块是用 BH1750FVI 作为主要芯片，实物如图 15 - 4 所示。它的供给电压为 $3\sim5$ V，供给电流为 $200\ \mu\text{A}$，接口 I^2C。它能接受的工作温度是 $-40\text{℃}\sim85\text{℃}$，尺寸大小为 $32.6\ \text{mm}\times15.2\ \text{mm}\times11.6\ \text{mm}$(长×宽×高)。

图 15 - 4　GY-30 模块实物

1. GY-30 模块的特点

（1）I²C 总线接口(f/s 模式支持)。

（2）光谱的范围与人眼相近。

（3）照度数字转换器。

（4）宽范围和高分解(1～65535 勒克斯)。

（5）低电流关机功能。

（6）50 Hz/60 Hz 光噪声 reject-function。

（7）1.8 V 逻辑输入接口。

（8）无须任何外部零件。

（9）光源的依赖性不大。

（10）有可能地选择 2 类型的 ICslave-address。

2. GY-30 的引脚

GY-30 的引脚说明见表 15 - 1。

表 15 - 1　GY-30 的引脚说明

Pin	引脚名称	描　　述
1	VCC	供给电压 3～5 V
2	SCL	I²C 总线时钟线
3	SDA	I²C 总线数据线
4	ADDR	I²C 地址引脚
5	GND	电源地

3. 光照度测量电路

根据烧录到单片机中的代码，GY-30 的 VCC 引脚接高电平 5 V，ADDR 和 GND 引脚接地，SCL 引脚接 51 单片机的 P1.0IO 口，SDA 引脚接 51 单片机 P1.1IO 口。光照度测量电路原理图如图 15 - 5 所示。当接上电源后，根据代码光照度传感器测得的光照度，显示在 LCD1602 液晶显示屏第一行上。

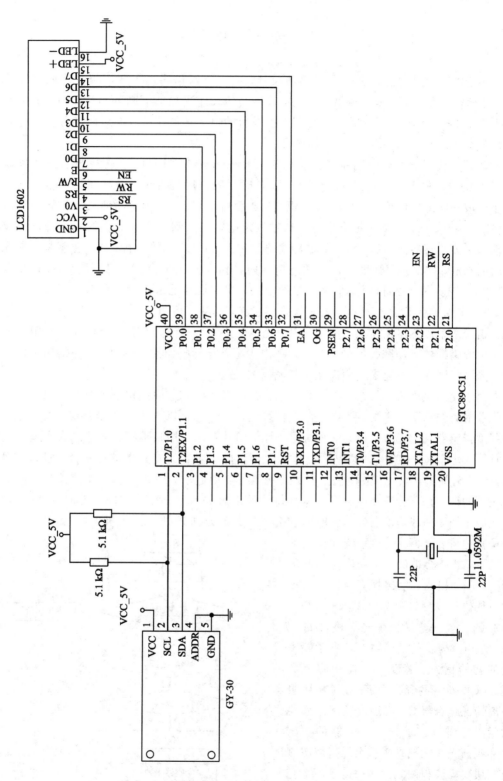

图 15 - 5　光照度测量电路

4 软 件 设 计

由于本次设计的主要有两个传感器及其电路，所以代码也大致可以分为两个模块部分，把相应的文件引入到主函数中即可，这样会使程序更加的清晰和易读，相互的关联性更小，并且提高程序的可读性，也有利于扩展新的模块功能，只需要对两部分代码各自进行编写和调试即可。

烧录完代码之后，启动系统。显示初始化 LCD1602、BH1750 传感器、接蜂鸣器和 LED 灯的单片机 IO 口；接着设定计时器，计时器的作用是给超声波传感器测量发出到接收超声波的间隔时间的，以此来计算距离；然后启动 GY-30，获取光照度，计算处理后显示在 LCD1602 的第一行；接下去可以通过按键电路进入到设定最适合的距离的显示或者启动超声波传感器测距后，将测定的距离显示在 LCD1602 的第二行；接下去就是进行光照强度的判定，如果光照强度不在合适的范围内，不利于眼睛工作时，则报警，并且光强的 LED2 灯变亮；如果测得距离小于初始设定值，检测是否是由误操作引起的，如不是则报警，并且测距的 LED1 灯变亮，若是误操作引起，则继续检测。

由于两个传感器相互独立的工作，但是只使用一个蜂鸣器报警，所以在代码中需要特别注意蜂鸣器的启动和关闭的条件，超声波传感器让蜂鸣器报警的时候，不能因为进入到判断光照强度在合适范围内而停止了蜂鸣器的报警。

由于使用该视力保护系统的时候，难免会产生一些较短时间的误操作，比如使用者在写作业的时候拿了一本书，挡住了该保护系统，然后导致超声波传感器判定距离太近，光照强度传感器判定光线太暗，这种时候不能简单地判定为用眼距离不合适或者环境光线不适宜，要处理这个问题，可以从误操作和没有误操作两者的差异上进行思考。假如是误操作，那么时间应该会比较短；假如真的是用眼不当引起的，那么使用者在较长时间内如果不提醒的话应该不会改正，所以可以从持续性上解决该问题。在出现报警的条件的时候，在代码中加了一段延时程序，延时后它会再次判断是否还处于需报警的状态。如果还是，则是真的需要提醒了，该系统才会真的报警，不然就会被认为是误操作引起的情况，不会提醒和发出报警声。

代码可以分为两个模块，一个是超声波测距模块，一个是光照度测量模块。超声波模块的代码主要包含了超声波的初始化、按键设定最佳用眼距离值、LCD1602 的显示代码和判断用眼距离情况是否报警。光照度的测量模块的代码主要包含了光照传感器的初始化和判断光线情况是否报警。超声波测距模块代码流程图如图 15 - 6 所示，光照度测量模块代码流程图如图 15 - 7 所示。

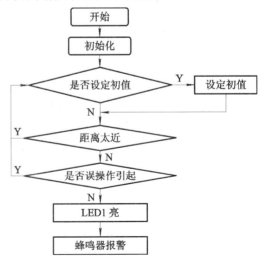

图 15 - 6 超声波测距电路代码流程图

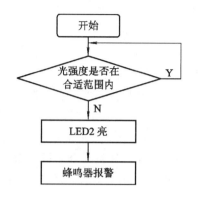

图 15-7 光照度测量电路代码流程图

5 系统的整体组装和调试

5.1 硬件电路的布线与焊接

整个电路都是焊接或者固定在一块洞洞板上的，为了接口的灵活起见，所以尽量没有焊死接口，采用了杜邦线的连接方式。虽然器件不是很多，但是难免还是会带来线太多的麻烦，有得必有失。如果应用在生产上，肯定需要使用固定的引脚端口，直接集成在一块PCB板上面，节约成本和空间，方便携带和使用。

总的布局不是很难，考虑到超声波传感器、光照强度传感器、LCD1602、蜂鸣器、LED灯、按键电路等都涉及 5 V 的电源和 GND，单片机最小系统上的 5 V 和 GND 肯定远远不够，所以在洞洞板的左上方专门留出一小块区域用来作为 5 V 电源和 GND 的排针接线，这样会让引线相对而言看的更加舒服和清晰，排查、调试问题也更加的方便和更有针对性。接着下面就是LCD1602液晶显示屏和单片机最小系统。洞洞板右上方是蜂鸣器报警电路、中间是 LED 显示提醒电路、右下方是按键电路，外接超声波传感器和光照强度传感器。总体来说电路布局还算清晰明了，模块化明显。

使用以上的设计还有个很大的原因是为了方便焊接。由于使用了洞洞板，所以在焊接电路的时候还是会免不了需要跳线焊接的情况，这样设计可以很大程度上减少跳线的使用，也大大减少了交叉线的出现。

5.2 调试

电路焊接完成之后，接下来就需要对整个电路进行调试。编译完代码，然后烧录到单片机中。

首先是在调试蜂鸣器报警电路的时候，发现蜂鸣器的声音几乎没有，但是还是能听见"嘶嘶"的声音，说明电路是通的，但是有一些问题。检查了好几次电路，看了好几个原理图还是不知道怎么解决，三极管也已经加了进来用来驱动蜂鸣器。最后在队友的建议下仔仔细细地查阅了三极管的相关知识，把原来型号为 S8050NPN 三极管改为型号为 S8550PNP 三极管，并且确保三极管的每个引脚电路都没有接错。非常幸运，这次蜂鸣器就明显好了很多，不再有"嘶嘶"的声音。在查阅资料的过程中，也发现网友好像也遇到过类似的问题，原因可能是 S8050NPN 三极管的驱动能力没有 S8550PNP 三极管强或者是先前用的 S8050NPN 三极管有点问题。

在调试 LED 显示电路的时候，发现 LED 灯特别亮，感觉很容易出现烧毁 LED 灯的情况，估计是 LED 两端电压太高了，这个问题简单，在引针和 LED 之间焊了电阻，让电阻承担一部分的电压，果然效果好了很多，当 LED 灯再亮的时候光线很柔和。

在调试 GY-30 光照强度传感器的时候，发现液晶屏上输出的内容完全不对，根据代码重新连了一遍电路后还是解决不了，经过仔细分析，可能有三个主要的原因：代码编写还有问题；注意到在焊接的 GY-30 时候，几个引脚之间特别的近，很容易造成引脚间焊接在一起，也可能产生虚焊；GY-30 损坏，需要重新购买器材。

用万用表短路挡仔细检查了 GY-30 的每个引脚间的焊接情况，虽然真的很密，但确实没有焊接在一起的，不过有个引脚的焊锡明显高于其他几个引脚，这样就很容易造成虚焊，马上重新焊接了这个引脚。连上杜邦线接着调试，打开开关，液晶显示屏的第一行上出现了"light：276 lx"的显示。代码没有问题。拿着光照传感器对着台灯移近移远做测试，看着液晶显示屏上的数值变大变小，而且还是比较灵敏的。

这个时候硬件电路已经全部调试通过，没有其他问题了。还需要检测烧录的代码是不是符合所要达到的需求并完善一些细节。LCD1602 第一行很好地显示光照强度；第二行显示用眼的距离。按下 A 按键的时候，进入到设定距离的显示界面。当使用 B 和 C 按键进行增减设定距离的时候，发现设定值都不止增加或者减小 1 cm，而是 N 多个 cm，检查代码也是没有问题的。后来咨询了比较有经验的同学，原来是机械弹性开关会有"抖动"的问题。当触电断开或者闭合时，由于其有弹性作用，所以会使得开关不会马上稳定地连通和断开，这有时候会对电路带来一定的影响。为了避免因为"抖动"而带来的影响，一般有两种方法可以用来消抖，一种是硬件消抖，另一种是软件消抖。硬件消抖需要两个"与非门"构成一个 RS 触发器，使得开关的一次动作只产生一个脉冲；软件消抖是通过在程序中增加延时代码来实现。由于电路已经焊接完成，尽量不去修改它而造成别的新的问题，并且为了方便起见，采用了软件消抖的方式来解决问题。在按下按钮之后，多加 5ms 的延时代码，然后再检测是否按下。如果还是按下状态，则是真的按下了，不然就是"抖动"造成的。修改代码后重新编译、烧录，发现原来的问题确实很好地解决了。

本来以为代码也检验成功了，在使用的时候，发现提醒用眼距离的 LED 灯亮了，蜂鸣器也响了，但是蜂鸣器响了一下就马上停了，发现是由于两个传感器电路共用了一个蜂鸣器的缘故。当用眼距离太近的时候，蜂鸣器报警，但是当检测完环境光线时，代码判断此时环境光强度是合适的，所以又把蜂鸣器停止了，没有考虑到此时要根据测距电路的条件来判断蜂鸣器的工作情况。同样的，测距电路判断蜂鸣器的启动还是停止状态也是需要考虑到光照度电路的条件的，这样才能让两个电路彼此互不干扰。这部分代码的修改只要逻辑理清楚了，还是比较容易实现的。

最后，以上的内容测试的最小系统是在学习开发板上进行的。由于作品需要上交实物，在结题验收时，在开发板上进行演示也不太合适，所以需要用到 51 单片机最小系统。当烧录的代码从 51 单片机开发板移植到购买的最小系统上时，发现 LCD1602 上什么都没有显示。先查看杜邦线会不会有连接错误的，仔仔细细查了两遍，一切连接正常。在学习板上都是完全没问题的，那最大的原因应该就是购买的最小系统有问题，引脚或者其他地方接触不是很好。重新购买了一个最小系统模块，解决了此问题。

6 结 论

本设计完成了一个视力保护系统的设计及组装调试。它的硬件基于单片机，并用 C 语言进行软件设计，经过多次的测试，结果和效果令人满意，误差也比较小，可以完成各项基本功能，起到了保护使用者视力的作用。

在制作该系统的过程中，不仅巩固了基本知识，还明白了把死的知识转化为活的东西还是有很多困难的。真正实践的时候，就会发现各种各样不懂的问题，有些甚至是书本知识解释不了的。通过这个项目的设计制作，感觉自己还是应该多多实践、多多学习，灵活运用学到的知识。

本次设计制作的视力保护系统，有一些较为满意的地方和亮点。比如使用者可以自己设定最适合自己的用眼距离，这使得该系统不再单一、不再固定人群使用，适合绝大多数人使用，而且更加有针对性。还有就是把测定的结果都显示在液晶显示屏上，可以让使用者更加直观地看到结果，知道如何去改正当前对用眼不利的因素。在自己测试使用和让室友同学们测试使用的过程中，当用眼距离过近或者环境光线不适宜用眼的时候，该系统都能较好地提醒注意用眼距离和调整好环境光线，也能实时看到自己用眼距离和环境光线的情况，很直观看到具体的数值，会让使用者产生视力危机意识，强迫自己注意坐姿或者改善环境光线，可以很好地对症下药，保护视力。

十六　手持式投影图像采集器设计

作品设计　何宇航　孔燕婷

摘　　要

随着科学技术的发展，日新月异的投影仪行业蓬勃发展，需求精细化与定向化的图像显示产品市场不断扩展，图像数据无线传输是本设计的核心。

整个设计是基于单片机 STM32 为核心的图像采集处理器。图像数据收发部分拟采用无线芯片 NRF24L01 进行数据传输。发送方与接收方要达到传输速率上的匹配。接收存储的数据经过处理器，驱动 VGA 模块将图片数据传送到电脑或投影仪等显示设备上。投影仪是伴随光学、电子学等许多学科的发展而发展起来的。显像技术、集成电路技术、音视频技术等科技的发展和进步共同促进了无线投影仪技术的发展壮大。

此次作品可应用在教学过程中老师向同学们临时展示一些与教学有关的实物时，方便让所有同学及时看到实物，能够迅速地将展示的物品实时投放在大屏幕上，让所有学生及时了解实物详情，促进师生互动，提高教学效率，使教师教授的内容更加灵活丰富。

关键词：VGA 显示；投影仪；无线通信；STM32

1　引　　言

目前基于课堂的多媒体教学，大多数以教师提前做好的 PPT 课件、准备好的视频或音频来传授知识，向学生展示教学内容，形式上有些死板，不灵活。对于学生参与课堂互动，为课程添砖加瓦或老师临时需要添加展示一些与教学相关的实物并不便利。传统的多媒体课堂教学，是由老师根据经验准备好教案，这存在填鸭式的教育感。根据学校教育实际，在现有条件下增加手持式无线投影设备，极大地方便了课堂上的实物图片采集及显示。

21 世纪初，将无线通信技术研发应用于投影设备的有索尼、松下、联想等行业泰斗。新技术新产品的推广应用总是遇到各种问题：操作性差、造价高、性能低限制了推广发展，随着科学技术的蓬勃发展和无线投影需求的扩张及技术应用的普及，无线投影的应用在未来潜力无限。

图像数据的采集、无线数据传送以及 VGA 模块显示是本设计采集、存储、传送与图像显示至关重要的方面。一套完整的图像采集和无线传输显示系统由图像传感器、微控制器、无线通信芯片、嵌入式系统和 VGA 驱动显示等组成。通过摄像头可以采集到图像目标，通过处理器可以驱动无线芯片发送和接收图像数据，接收模块存储的数据，传输的数据依旧是模拟传输数据，通过 A/D 转换器化为红、绿、蓝三种彩色的颜色信号和两种特别扫描信号，他们分别是用于控制列向的场同步信号和控制横行方向的行同步信号。信号通过特定接口就可以传输到显示设备中（如显示屏幕或其他可成像的设备）。其中，此类接口包括 VGA、HDMI 等。对于某些显示器，信号也被直接送到相对应的图像处理电路，驱动控制成像，展示出需要的图像。

本设计主要包括图像采集部分和发送模块，实现将图像发送出去，数据通过无线芯片接收到接收模块，接收到的数据写入存储卡，驱动 VGA 模块读取存储卡数据将图片在投影仪显示，放映出采集到的图像。

2 总 体 设 计

手持式投影图像采集器是一种集图像采集、无线通信、图像显示于一体的系统，它的工作原理是利用图像采集模块中的摄像头采集图像数据，中央处理器存储转换数据，通过无线芯片 nRF24L01 将数据传输到显示模块，再经接收模块的无线芯片接收数据，将数据存入存储卡，STM32 驱动 VGA 模块读取转换图像数据，将图像显示到投影设备上。

手持式投影图像采集器组成框图如图 16-1 所示。该图像采集数据发送部分包括摄像头、TFT 显示屏、微控制器和无线芯片。数据接收显示部分由无线模块、微控制器、VGA驱动模块与投影显示设备，一共 8 个部分组成。

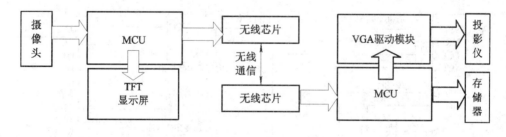

图 16-1　系统框图

3 硬 件 设 计

图片数据的采集和数据无线传输是手持式投影图像采集器的关键。本设计是一种基于 ARM Cortex - M3 处理器的手持式图像采集的无线传输数据接收显示终端。手持式投影图像采集器的工作原理是采用摄像头 OV7670 作为图像信息采集器件，使用 STM32F103 作为主控处理器，用市场上较为通用的 nRF24L01 作为传输部分，显示由 ALIENTEK 的 VGA 显示驱动模块以及适合的液晶屏完成。无线收发模块工作在 2.4～2.5 GHz 微波频段，可以满足在教室的一定距离内无线传输图像数据的要求。图 16-2 所示为投影仪硬件框图。

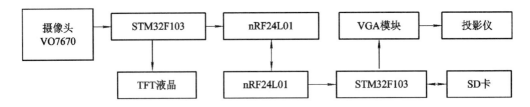

图 16 - 2 投影仪硬件框图

图像采集和无线传输是图像识别、图像数据处理和通信领域的关键技术。一套完整的图像采集和无线传输系统由图像传感器、STM32 微控制器、无线通信芯片、软件系统以及显示部分组成。

图像采集和无线传输是本设计的主要任务,其中包括图像数据的发送和接收终端。在这个基础上,微波天线技术也被应用于无线模块以及实现使用图像传感器帮助实现采集图像的目的。

3.1 摄像头与缓存连接电路设计

首先,依据摄像头的缓存类型可以将其分成两种,一种是带缓存(FIFO)的摄像头,另一种是不带缓存的摄像头。不带缓存的摄像头需要利用 STM32 的内存单独开拓一个区域来用于缓存图像处理,带 FIFO 的摄像头相对简单,直接使用即可。本次采用的是已经集成 FIFO 的摄像头,即 OV7670+AL244B,其连接图如图 16 - 3 所示。图 16 - 3 左侧为 OV7670 传感器,右侧为 AL244B 缓存器。

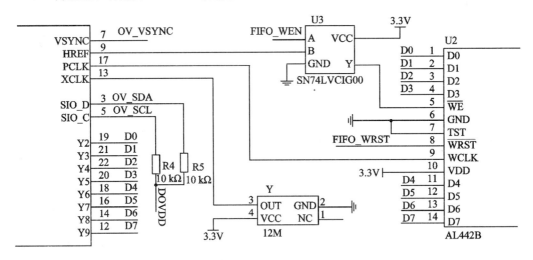

图 16 - 3 OV7670 与 AL244B 连接方法

3.2 OV7670 与单片机连接电路设计

因为摄像头刷新速度比较快,若用较长的杜邦线则会影响数据传递,从而影响图像显示的效果,因此线应该尽量短。本设计采用直插的形式与单片机进行连接,这样可以充分地保证数据的缓存与输出流畅,其相应的引脚连接如表 16 - 1 所示。

表 16 - 1　摄像头引脚表

OV7670	STM32
OVD0～D7 数据口	PC. 0～PC. 7
FIFO RCLK	PB. 4
FIFO WEN	PB. 3
FIFO WRST	PD. 6
FIFO RRST	PG. 14
FIFO OE	PG. 15
FIFO VSYNC	PA. 8
OV SCL	PD. 3
OV SDA	PG. 13

3.3　按键电路设计

STM32 的开发板中已存在三个基础按键,只需要用到一个按键,并且将它拉低,便于检测,其基本的电路连接如图 16 - 4 所示。本设计使用的是 KEY0 按键,当按键按下的时候,电压发生变化,单片机进行检测,达到执行拍照程序的目的。

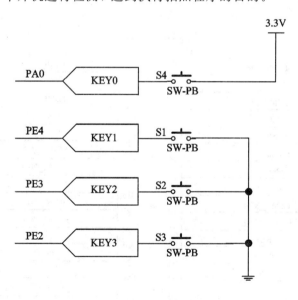

图 16 - 4　按键电路

3.4　传输电路设计

传输部分采用的是 NRF24L01,此处与单片机相连接构成一个数据传输模块。连接方式为直接插在单片机的扩展口上。大部分 STM32 单片机开发板上都带有已经焊接好可以直接插的位置,用起来十分方便。具体引脚间的连接如图 16 - 5 所示。

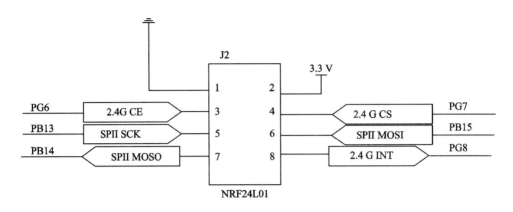

图 16 - 5　无线模块引脚连接

3.5　图像显示电路设计

除了 TFT 显示屏幕，主要介绍 FSMC 模块部分，因为要通过 FSMC 模块才能对 TFT LCD 进行操作，FSMC 在其中起到了方向盘的作用。其实，FSMC 模块的特定引脚都对应地址线、数据线、控制线等，完成上述的相关硬件连接，只需将 FSMC 模块进行初始化，即对其时序参数进行初始化，然后对 TFT 的寄存器进行访问即可，这和访问内存其实是一个道理。相关的引脚连接如图 16 - 6 所示。

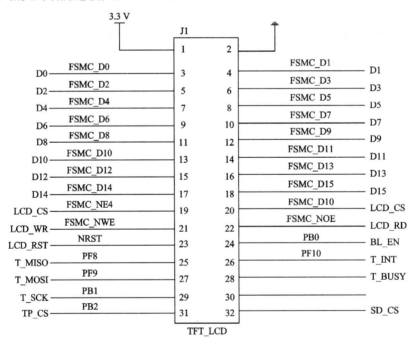

图 16 - 6　TFT-LCD 液晶接口图

4　软　件　设　计

本设计软件设计的主要功能是实时检测无线模块是否有数据传过来。开机接收显示模块上电，软件开始执行初始化操作。手持终端可以随时采集发送和接收图像数据信息。手持终端的主控制器 STM32F103ZET6 通过 SPI 接口向无线芯片发送命令，向接收部分的无线芯片发送图像数据，接收终端 STM32 驱动读取图像数据并传输到 VGA 模块。

首先，终端的软件程序初始化 TFT、键盘和通信模块等外围设备。然后，摄像头保持不活动状态以节省能量，直到收到来自主控制器的命令。根据命令，摄像头可以捕捉图像并与主控制器交换数据。完成数据交换后，摄像头将再次变为待机状态。再次，终端的主控制器通过 SPI 接口将命令和数据发送到无线收发器模块，RF 无线收发器模块可以与另一个终端无线连接。系统具有主终端，无线收发模块将接收到的数据发送回主终端的主控制器进行处理。作为接收端，完成数据接收时，位移寄存器中的数据传到数据缓冲器，SPI_SR 寄存器中的 RXNE 标志被设置。如果设置了 SPI_CR2 寄存器中的 RXEIE 位，则产生中断。在最后一个采样时钟边沿后，RXNE 位被置 1，移位寄存器中接收到的数据字节被传送到接收缓冲器。当读 SPI_DR 寄存器时，SPI 设备返回这个值。读 SPI_DR 寄存器时，RXNE 位被清除。主终端的主控制器及时显示数据并通过串口发送到计算机的管理系统。

开机上电软件开始执行，初始化操作分别为：NVIC 中断、初始化 UART、LED KEY、LCD、NRF24L01、VGA。TFT 上显示提示信息：检测 NRF24L01 是否正常、检测 SD 卡是否正常。设置 NRF24L01 为接收模式，一直处于接收状态 While(1) 主循环，实时检测 NRF24L01 是否接收到数据，如果是，则连续接收数据直到接收完一帧图片，存于 SD 卡中；否则继续检测按键 1 是否按下，按下则遍历读取 SD 卡中的每个像素并驱动 VGA 扫描其到屏幕上，否则返回循环，具体步骤详见图 16 - 7 主程序流程图所示。

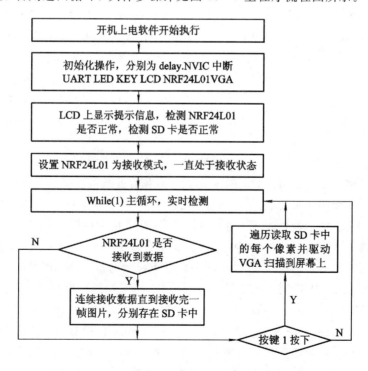

图 16 - 7　主程序流程图

5 系统的整体组装和调试

5.1 硬件模块的连接

1. 总体特点

手持式投影图像采集器系统所涉及的各部分硬件模块有如下特点：

(1) 所用的模块可以满足任务书功能要求，而不需要自己设计电路板。

(2) 采用 STM32 微处理器、摄像头、无线芯片等模块较为普遍，参考资料和各种学习例程教多。

2. 模块划分

整体的电路分为两大模块：

(1) 采集发射部分：图像采集部分由摄像头 V0767O、无线传输部分 NRF24LOl、微控制处理器 STM32FlO3 组成。

(2) 接收部分：由无线接收部分 2.4G 传输、中心处理器 STM32、显示部分、STM32VGA 驱动模块组成。

5.2 调试

1. 通信模块调试

在设计之初，最开始是选用 WiFi 进行通信，但是发现利用 WiFi 通信固然操作和设计都十分简单，一切的设计都是按照此基础上进行继续进展。但是在实际操作时发现，每次传输数据前都要进行一系列的操作，十分浪费时间，并且大大延长了整个工作过程的速度。所以在经过多方面的学习后，最终决定改用 NRF24LOl。经过一系列的方案整改，开始了新的调试。调试最初，并不是直接传整块的数据，而是从一段"A，B，C，D…"开始，成功由发送方传递给了接收方。

接下来开始传输图像数据，因为图像数据比较大，需要用到内存卡，在内存卡中开取一片空间，然后将数据再读出来。此时又遇到了麻烦，虽然可以成功进行通信，但是当数据到了内存卡时，无法正常读取。于是想到了之前自检的办法，利用 LED 灯作为显示标志对硬件和软件进行排查。检查发现是板子的问题，选用的开发板 SD 存在问题，不能正确写入。于是更换板子后重新开始，很顺利地将文字存入卡中又读取了出来。然后开始收发图片，图片也很顺利地传输过来，两块 TFT 板子上显示的是一样的图片。

利用老师给的 VGA 模块并不能驱动出正常的图像。经过查询得知，此 VGA 模块多用于 FPGA，STM32 驱动会十分的乏力。为了寻找一种解决办法，在网上找了很多资料之后，发现有一种专门用于 STM32 专用的驱动 VGA 模块。此模块利用 FPGA 与 SRAM 集成，并且通用于显示屏幕的插口。买来后仔细研究学习，刚开始并不能显示图像，于是在代码和硬件方面都进行了排查，发现代码打点和时序初始化方面有一些问题。改良了代码，在 SD 卡中预先存了一幅图片，并且能正常显示出来。最后将代码整合后，终于可以收到图片并且在 VGA 中显示。功夫不负有心人，在这之后，通过简单的调试，测出了最佳的距离与传输速度。

对于图像数据的显示，用 TFT 显示屏幕代替 VGA 显示。单片机通过串口或并行口向 TFT 发送几个字节的命令，就可以在屏幕上显示效果，这种方案对相应的寄存器进行配置后，就可以自动向 TFT 数字彩屏发送数据，无需 CPU 参与，让 CPU 有足够的时间来处理其他程序。

2. 摄像头调试

因为 OV7670 需要的频率比较高，其数据刷新频率也高，应用一般的长杜邦线会对结果和效果影响非常大，在设计之初并未发现这个问题，所以采用了较长杜邦线，其效果如图 16-8 所示，当改用直插的使用方法后，效果明显得到了改善，如图 16-9 所示，并且通过摄像头前面的旋钮可以对摄像头进行调焦。

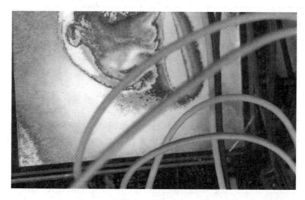

图 16-8　长线显示效果

图 16-9　直插显示效果

5.3 实测及误差分析

1. 传输速度调试

距离和速度为发送和接收设备间需要不断调试的两个参数。其实 2.4 G 传输速度很快,可以达到 8 Mb/s,320×240×2 位大概就是一帧图像,其所得的结果为 153 600。不到 1 s 就可以完成。速度方面主要的限制因素在接收方,因为涉及图像信息的存储,在向内存卡中写数据时需要时间,所以为了避免传输过程发生错误,需要在写软件代码时,每次传 32 位数据后都会有一段延时程序,具体延时多少距离也需要反复测试,如果距离太远速度过快,将会导致数据的丢失,所以将所测的速度与传输效果关系总结如表 16-2 所示。

表 16-2　速度与传输效果数据

每传 32 位后延时时间/ms	传送时间/s	接 收 效 果
20	11	图像错误,全部花屏
30	16	图像错误,图像随机分割显示
35	18	图像错误图像,随机分割显示
38	21	图像错误,固定分割显示
40	23	图像显示正常
42	25	图像显示正常
50	29	图像显示正常
60	35	图像显示正常,但速度过慢
80	46	图像显示正常,速度太慢
100	63	图像显示正常,速度非常慢

2. 传输距离调试

传输的距离也是不可忽视的一个重要因素。调试距离时,将延时时间设置为 50,不断地拉长发送与接收之间的距离,记录距离参数和得到的图像质量。具体数据如表 16-3 所示,其中阻拦的障碍物是一个厚度为 0.7 cm 左右的木板,场地较为空旷。

表 16-3　距离与传输效果数据

传输距离/cm	接 收 效 果	是否有障碍物	传输时间/s
10	图像显示正常	无	29
20	图像显示正常	无	28
30	图像显示正常	无	29
40	图像显示正常	无	29
50	图像显示正常	无	29
70	图像显示正常	无	30

传输距离/cm	接 收 效 果	是否有障碍物	传输时间/s
100	图像显示错误，会固定分栏	无	30
120	图像显示错误，会固定分栏	无	30
150	图像显示错误，会随机分栏	无	32
10	图像显示正常	有	29
20	图像显示正常	有	29
30	图像显示正常	有	29
40	图像显示正常	有	29
50	图像显示正常	有	29
70	图像显示错误，会固定分栏	有	29
100	图像显示错误，会固定分栏	有	30
120	图像显示错误，会随机分栏	有	31
150	图像显示错误，会随机分栏	有	31

将延时时间固定在50，可以保证传输数据的稳定性，不至于因距离太短而使距离的调试变得没有意义，也可以保证传输速度不至于太慢，至少还在可以被大众接受的时间范围内。

6　结　　论

通过本次设计真的是让自己获益匪浅，从头拾取很久以前学习过的STM32单片机的知识。从最开始的如何新建工程开始学习。学习STM32F103、搜集OV7670摄像头的数据手册、相关驱动方法以及网上的成功范例。经过大约四个月的不断努力，在队友的配合下，完成了此次设计。这次设计的完成，获得了许多的经验，不但提高了自己的科研水平，在自身的素质培养方面也收获巨大的收益。

十七　一种磁悬浮装置设计

作品设计　谢志铮

摘　　要

磁悬浮是利用悬浮磁力使悬浮物处于一个无摩擦、无接触、无润滑的稳定空间环境中，达到悬浮的一种平衡状态。本设计是一个下推式磁悬浮装置，主要由永磁铁、电磁铁、霍尔传感器、信号的放大电路、A/D 转换、微处理器及驱动电路构成。主要工作过程为：悬浮磁铁倾斜或偏移状态信息由霍尔传感器检测后传送到放大电路，然后由 A/D 采集，主控芯片读取数据，根据悬浮体的状态，用 PID 算法计算需要补偿的磁力，然后输出相应的 PWM 方波，通过驱动电路驱动四个电磁铁，最终使悬浮物达到稳定悬浮状态。

关键词：霍尔传感器；磁悬浮控制；非线性控制；力平衡

1　引　　言

磁悬浮技术最早可以追溯到德国科学家赫尔曼·肯佩尔的年代，他在 20 世纪 20 年代初期就提出了电磁悬浮原理，并且在过了 10 年之后就已经利用磁悬浮技术构想了磁悬浮列车并申请了专利。而磁悬浮的概念是英国物理学科学家 Earnshaw 在 19 世纪 40 年代初提出来的，他提出的是永磁铁的磁悬浮的概念。永磁铁磁悬浮概念是使用永磁铁提供的磁力使磁悬浮物在空中处于无机械接触的稳定悬浮状态，但是无机械接触的稳定悬浮状态仅仅依靠永磁铁本身是很难使一个磁悬浮物在空中保持稳定悬浮的，所以必须使用可控电磁铁线圈输出可变的电磁力来控制这个悬浮系统。这种使用可控电磁铁线圈来控制悬浮系统稳定悬浮的想法成为了之后开展的一切磁悬浮技术钻研的主要思想。

磁悬浮装置系统的工作原理是利用电磁铁与永磁铁之间"同极相斥，异极相吸"的基本磁场原理，利用电磁铁提供悬浮力使永磁铁在空中稳定悬浮。当然只依靠磁铁是很难使悬浮物稳定悬浮的，因为悬浮物在立体空间中仅仅依靠单一磁场力很难平衡，因此需要有目的的控制悬浮物稳定悬浮。磁悬浮装置是由四个可控电磁铁与大型圆形空心永磁铁组成的，大型圆环空心永磁铁提供上推的磁悬浮力，四个可控电磁铁模块提供了使磁悬浮物运动的升降、侧移、纵向、俯仰和偏航 5 个自由度的磁力。磁悬浮装置看起来比较复杂，但可以通过机械解耦，把下推式磁悬浮装置这个整体分解为单个电磁铁的控制问题来研究，简化之后单个电磁铁的控制问题就是磁悬浮系统的基本单元。本设计涉及电磁技术、电子计算机技术、线性电机驱动、机械技术、新型电磁材料等技术。

2 总体设计

系统由霍尔传感器、信号放大模块、微处理器、功率驱动芯片、电磁铁和永磁铁组成，总框图如图 17-1 所示。

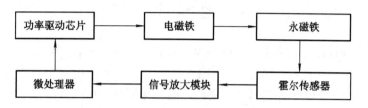

图 17-1 磁悬浮装置系统框图

永磁铁包括磁悬浮体和底座永磁铁，磁悬浮体采用重量为 200g 的圆形永磁铁，底座支撑永磁铁，采用大号圆形空心永磁铁跟电路板粘连组合。在大号圆磁铁内部放置 4 个电磁铁，呈正方形排布，正方形对角线 2 个为一组，且每组电磁铁绕线方向相反，设计四个电磁铁在二维平面内形成一个顺（逆）时针的力平衡效果，如 17-2 图所示。四个电磁铁作用在悬浮体上表现为：分为两组电磁铁，对角线为一组，每组两个对悬浮物施加一拉一扯的磁力，使得悬浮物在二维平面内稳定悬浮。磁悬浮物收到的力有：在 z 轴上，本身重力 m 为地盘圆形磁铁的斥力与电磁铁的斥力之和；在 x、y 轴上，外界干扰力为电磁铁的 xy 轴合力。只有这几个方向上的力达到平衡，磁悬浮物才能够稳定悬浮在空中。

霍尔传感器有三个，如图 17-3 所示，其中 1、2 个并列摆放，分别放在四方形电磁铁对角线位置；另外一个放在两个霍尔传感器上方位置，用于感应是否有悬浮物，相当于一个开关电路。如果没有第三个霍尔传感器，电路功耗会很高，因此霍尔传感器 3 的作用相当于开关电路。

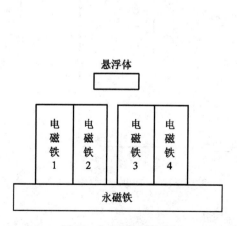

图 17-2 磁铁摆放图

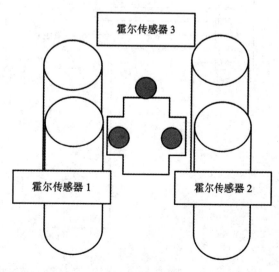

图 17-3 霍尔传感器的位置及排布

系统以实现悬浮体稳定悬浮为目的，以霍尔元件检测悬浮体位置信号，通过信号放大模块送到微处理器，微处理器读取分析该信号并通过 PID 算法计算悬浮体稳定悬浮所需的磁力信号，将计算好的所需信号传送给功率驱动芯片，驱动四个电磁铁来使悬浮体稳定悬浮。

设计主要指标：

(1) 悬浮高度：大于 1 cm。

(2) 悬浮体重量：大于 200 g。

3　硬件设计

磁悬浮系统硬件主要由永磁铁、电磁铁、霍尔传感器、功率放大器、ATmega8 主控芯片、L293D 驱动芯片等组成，原理图如图 17 - 4 所示。该系统由一个直径 10 cm 圆形空心永磁铁提供上推选浮力，托起悬浮物。根据力的平衡原理，单纯依靠永磁铁的斥力不可能使悬浮物稳定存在于空间中。因此，在圆形空心永磁铁中心放置 4 个可控电磁铁，这四个

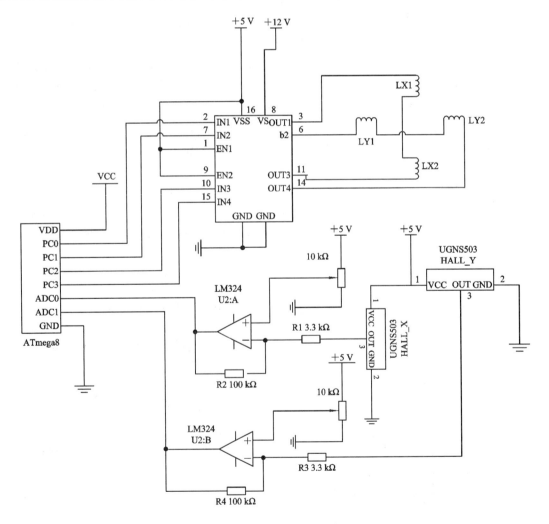

图 17 - 4　磁悬浮系统原理图

可控电磁铁除了起托起悬浮物的作用外，更重要的是通过霍尔传感器和控制模块对悬浮物进行调节，起到使悬浮物平衡的作用。磁悬浮装置需要 12 V 外接电源来使悬浮物稳定悬浮（具体可视悬浮物的重量来调整），可节省能源，当悬浮物处于力平衡状态时，悬浮物所受到的电磁斥力、永磁铁斥力和悬浮物本身的重力相平衡。当悬浮物受到一个外界的干扰而向下或向其他方向运动时，霍尔传感器检测到磁场变化，主控芯片通过 PID 算法计算，将这一信号变成控制信号，驱动芯片又将控制信号转变成控制电流，从而输出 PWM 方波驱动电磁铁，从而相应地改变磁场的强度，使悬浮物重新到达一个力平衡稳态。当磁悬浮物在 x、y 平面内受力平衡而达到稳定悬浮的状态时，无需调整。

3.1　微处理器芯片

采用 ATmega8 作为主控芯片，其为 AVR RISC 家族中的高性能、低功耗集成微控制器成员之一。ATmega8 主控芯片内部嵌入了 130 条指令集，其中大多数为单个时钟周期执行指令，因此，ATmega8 主控芯片在 16 MHz 峰值状态下工作时的吞吐率高达 16MIPS，其优越的性能可以缓解系统在处理检测信号跟反馈信号之间不流畅的难题，ATmega8 主控芯片的运行速度比其他类型的单片机高出约 10 倍。ATmega8 主控芯片集成了两个独立预分频器，8 位定时器/计数器和一个具有预分频器、比较功能和捕捉功能的 16 位定时器/计数器；具有三通道 PWM、8 路 A/D 转换器等特点。

3.2　磁感应模块

磁悬浮系统放上磁悬浮体时，会在装置空间中引起磁场变化，设计使用 UGN3503 线性霍尔传感器来检测这个磁场的变化量。UGN 霍尔传感器在检测磁悬浮物存在时引起磁场的变化，而输出的检测信号大约为几毫伏。霍尔传感器是集成的小型元件，在霍尔传感器上直接进行信号处理相当于要在其内部直接添加放大电路，这是非常困难的。为了输入感应信号，设计当中采用的是在霍尔传感器输出信号后再接一个前置放大器，用这个前置放大器来放大霍尔传感器的输出信号，然后把经过前置放大电路放大的信号传输到主控模块进行下一步处理。感应模块当中的开关霍尔 3 是最先开始工作的。只有当霍尔传感器 3 检测到磁悬浮物时，整体系统才开始工作。UGN3503 霍尔元件具有较宽的磁场检测范围。它的使用情况不受环境因素的影响，灵敏度非常高。UGN3503 霍尔传感器能够利用霍尔效应来精确检测出磁场的微小变化量，原理是霍尔传感器本身有恒定的电流流通，放置悬浮物时，霍尔传感器能检测到所处空间磁场的突然剧烈变化，从而引起霍尔传感器自身恒定流通的电路发生偏置，使得霍尔传感器两端产生偏置电压，这个电压值很小，需要通过放大电路进行放大。

3.3　放大电路

信号放大部分主要是利用 LM324 四运算功率放大器来进行放大的，与其他型号的标准运算放大器相比，LM324 四运算功率放大器具有一些明显的特点，它可以工作在 3.0～32.0 V 之间的外接电压源条件下，其静态电流比普通运算放大器的静态电流要小四分之三；共模输入已经包含了负电源，因而消除了运算放大器在放大电路中需要另外使用其他元器件来调节电路的可能性，大大简化了电路。

3.4　驱动模块

磁悬浮装置的驱动模块采用 L293D，它是一种单片集成 16 引脚驱动芯片，该驱动芯片有高电压、高电流、4 通道、内置钳位二极管，主控芯片产生的驱动信号输入到 L293D 的 IN1（2 引脚）、IN2（7 引脚）、IN3（10 引脚）、IN4（15 引脚），把传入信号转变成电流信号，从 OUT1（3 引脚）、OUT2（6 引脚）、OUT3（11 引脚）、OUT4（14 引脚）输出到两组（4 个）电磁铁上，电磁铁提供稳定电磁力使磁悬浮物最终稳定悬浮在空中。

磁悬浮装置的驱动模块使用了四个可控电磁线圈，四个可控电磁线圈中的电流两两各不相同，需要利用到主控芯片的 PD 端口来控制电流正反方向的变化，L293D 驱动芯片是利用主控芯片传送过来的 2 路 PWM 方波来控制线圈的正反电流大小。根据霍尔传感器检测的磁悬浮物在 x 位置和 y 位置发生的偏移量来计算电磁铁需要多大电流产生的电磁力才能使磁悬浮物稳定悬浮。

3.5　电磁铁

影响电磁铁线圈磁性大小的因素有：

（1）与电磁铁线圈绕线的匝数有关，通过改变电磁铁线圈匝数的数量多少来改变电磁铁线圈的磁力大小。

（2）与通过电磁铁的电流大小有关，可以通过改变加载在电磁铁线圈两端的电压源来改变电流的大小，从而改变电磁铁线圈的磁力大小。

（3）与电磁铁线圈内是否有铁芯有关，电磁铁线圈有铁芯时产生的磁力强，电磁铁线圈无铁芯时产生的磁力弱。

（4）与电磁铁线圈中铁芯的材料和磁导率有关。

系统中四个电磁铁线圈的制作采用 0.5 mm 的细铜丝在铁芯上绕制 350 匝，这四个电磁铁线圈是有铁芯的电磁线圈。为了计算这四个电磁铁线圈的特性，采用单一变量法来研究。

电磁铁空间磁场强度为

$$H = N \times \frac{I}{L_e}$$

其中：H 是磁感应强度，单位为 A/m；N 是线圈的匝数；I 为线圈的测量电流值，单位是 A；L_e 是电磁铁的有效磁路长度，单位为 m。

磁感应强度为

$$B = \frac{\Phi}{N \times A_e}$$

其中：B 是电磁铁的磁感应强度，单位为 Wb/m^2；Φ 是电磁铁的感应磁通，单位为 Wb；N 是电磁铁感应线圈的匝数，$N=350$；A_e 是电磁铁有效横截面积，单位为 m^2。

因此电磁铁的磁力为

$$F = \frac{\Phi^2}{2\mu_0 S} = \frac{B^2 S}{2\mu_0}$$

其中：Φ 为工作气隙磁通，单位为 Wb；B 为工作气隙磁通感应强度；μ_0 为真空磁导率，其值为 $4\pi \times 10^{-7}$ Wb/A×m；S 为截面积，单位为 m^2。

4　软件设计

4.1　总体方案

　　为了使硬件组合能够正常工作，有效地完成磁悬浮信号检测和放大、信号的采样和传输等设计功能外，还需要高效的软件设计来支持整个系统的流畅工作。整个磁悬浮系统的正常运转与软件部分的设计是分不开的，软件设计的好坏将直接影响整个下推式磁悬浮系统的运行结果。磁悬浮系统设计当中的软件部分主要由两部分组成：一是检测信号的采样部分，二是调用 PID 算法来计算稳定输出 PWM 方波部分。系统流程如图 17-5 所示，先初始化，包括 PID 参数、PWM 参数、中断寄存器设置参数等，然后进行数据采样，采集各个霍尔传感器数据，再通过 PID 算法计算偏差和需要调整的参数，改变 PWM 占空比，从而调整磁场强度，使悬浮体稳定悬空。

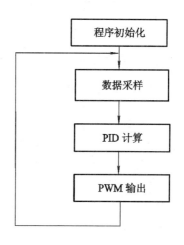

图 17-5　主程序流程图

4.2　模块说明

　　系统接通电源时，首先要进行初始化，开关霍尔传感器 3 检测是否有磁悬浮物，有则进行下一步，没有则霍尔传感器 3 无限循环检测磁悬浮物；检测到磁悬浮物之后，对霍尔传感器检测到的悬浮物在 x、y 方向上的偏移信号进行采样及滤波，将这两个检测信号用 PID 算法来计算并输出 PWM 方波，将 PWM 方波传送到 ATmega8 主控芯片，ATmega8 主控芯片利用 PB6、PB7 端口输出调制好的信号。改变电磁铁线圈的电流方向需要使用 ATmega8 主控芯片的 PD 端口，L293D 驱动芯片输出稳定电流驱动四个电磁铁使磁悬浮物稳定悬浮。输出经过计算之后，PWM 方波信号驱动电磁铁模块实现对磁悬浮物的控制，使磁悬浮物稳定悬浮在空中。

4.3　PID 环节

　　把磁悬浮物放到装置平台上方空间时，磁悬浮物会受到各种外界干扰力，磁悬浮物因此会剧烈抖动或者直接震荡掉落，这个过程中产生的瞬间偏移量是非常巨大的，这个时候系统就会采用软件模块来对磁悬浮物稳定悬浮进行控制。控制原理是利用 PID 调节器调节四个电磁铁的微分比例的输出，使磁悬浮物在微分比例情况下趋于稳定，但是仅仅依靠微分比例稳定还不能使磁悬浮物完全稳定，还需要进行比例控制调节，最终使磁悬浮物在 x、y 方向上的受力达到平衡，实现磁悬浮物的稳定悬浮。这个控制过程就是不完全 PID 控制过程，该控制系统如图 17 - 6 所示。

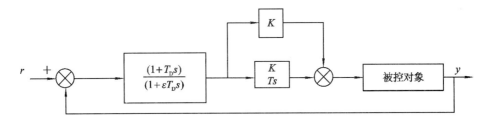

图 17 - 6　不完全微分 PID 调节

不完全 PID 控制过程中信号的传递如下：

$$\frac{\mu(s)}{e(s)} = \left(\frac{1 + T_{\mathrm{D}}s}{1 + \varepsilon T_{\mathrm{D}}s}\right)\left(K + \frac{K}{T_1 s}\right) \tag{17-1}$$

式中：$K = \dfrac{K_{\mathrm{P}} T_1}{T_1 + T_{\mathrm{D}}}$，$T_1 = \dfrac{T_1 \pm \sqrt{T_1 - 4 T_1 T_{\mathrm{D}}}}{2}$；$T_{\mathrm{D}} = \dfrac{T_1 \pm \sqrt{T_1^2 - 4 T_1 T_{\mathrm{D}}}}{2}$；$\varepsilon = \dfrac{T_1}{T_{\mathrm{D}}}$。其中，$K_{\mathrm{P}}$ 是不完全 PID 算法的比例系数，K_{D} 是不完全 PID 算法的微分系数，K_{I} 没有使用到，因此直接令 $K_{\mathrm{I}} = 0$。

对控制部分的信号进行数学分析，假设控制系统的采样周期为 T 时，就可以根据数学公式来计算第 n 个采样时刻的系统控制分量分别为

$$\begin{cases} U_0(n) = k_1 U_0(n-1) + k_2 U_0(n) - k_3 U_0(n-1) \\ U_1(n) = K U_0(n) \\ U_2(n) = U_2(n-1) + k_4 U_0(n) \\ U(n) = U_1(n) + U_2(n) \end{cases} \tag{17-2}$$

式中，$k_1 = \dfrac{\varepsilon T_{\mathrm{D}}}{T + \varepsilon T_{\mathrm{D}}}$ $k_2 = \dfrac{T + T_{\mathrm{D}}}{T + \varepsilon T_{\mathrm{D}}}$；$k_3 = \dfrac{T_{\mathrm{D}}}{T + \varepsilon T_{\mathrm{D}}}$；$k_4 = \dfrac{KT}{T_1}$。把以上 $k_1 \sim k_4$ 数据代入式(17 - 1)、式(17 - 2)就可以快速计算出使用不完全 PID 算法计算之后的输出信号 $u(n)$ 的值。

4.4　PWM 波形与磁拉力的逻辑关系

电磁铁调节磁悬浮物的过程是，当磁悬浮物体偏离稳定悬浮状态的中心位置时，会产生 x、y 轴方向的作用力，若使磁悬浮物恢复到稳定悬浮位置，就需要可控电磁铁产生与磁悬浮物偏移方向相反、大小相等的电磁力，这个电磁力是四个电磁线圈共同作用产生的电磁力的总和，而四个可控电磁铁线圈中的电流大小取决于主控芯片 PB6、PB7 口输出的 PWM 波形的占空比，其方向则由主控芯片的 PD 口电平高低来进行控制，涉及用 PWM 方波与电磁铁产生的电磁力之间的逻辑关系。简单来说，就是需要可控电磁铁产生一个与磁悬浮物偏移方向相反且大小相等的反作用力。

5　制作与调试

5.1　硬件电路的布线与焊接

1. 总体特点

系统设计所使用的硬件设计部分，主要特点有：

（1）电路设计原理是比较简单的，且设计所用的器件均为低功耗的器件。

（2）硬件电路绕线过多，使得硬件电路器件排布规模较大。

因此，硬件模块需要合理地安排元器件的放置，优先想好元器件的排布顺序，避免因焊接带来的干扰。

2. 电路划分

电路包括霍尔检测信号接收、放大电路、主控模块、驱动模块、支撑的圆形空心电磁铁和四个电磁铁及相应的整形模块电路。

3. 焊接

焊接前需要认真熟悉各芯片的引脚，焊接需要按照电路图并优先设计好各个元器件的焊接顺序，仔细焊接。焊接应该遵循以下原则：

（1）合理安排元器件在板子上的位置，优先焊接各元器件的高低电平引脚，以确保不会漏接各芯片的电源线和地线焊接。

（2）需要用到绕线时，要尽可能地避免相互交叉，如果确实需要交叉，应该合理安排交叉顺序，这样可以降低焊接的出错率。

5.2　调试

1. K_P 参数调节

把磁悬浮物放到通电的磁悬浮装置平台时，磁悬浮物会产生 x、y 方向上的偏差，需要使用 K_P 比例控制方式。比例控制方式的原理是，磁悬浮物偏离稳定位置的偏移信号与控制系统的控制信号成一定的比例关系，调节 K_P 比例参数能减少磁悬浮物在磁悬浮平台上方空间的抖动。表 17 - 1 为 K_P 调解结果。

表 17 - 1　K_P 调解结果

K_P	结　　果
0	无作用力
10	作用力较小
15	磁悬浮物抖动较大
20	磁悬浮物抖动剧烈

2. K_D **参数调节**

在采用 K_P 比例控制之后，不能使磁悬浮物完全稳定下来，还需要使用 K_D 微分控制，K_D 微分控制器的原理是，主控模块输出与输入控制信号存在误差，这个误差存在微分关系，经过 K_P 比例控制调节之后，磁悬浮物的振动已经非常微弱了，使用调节 K_D 微分控制就可以使磁悬浮物完全稳定下来。表 17-2 为 K_D 调解结果。

表 17-2　K_D 调解结果

K_D	结果
0	磁悬浮物抖动剧烈
10	磁悬浮物抖动减小
20	磁悬浮物基本稳定
30	磁悬浮物抖动过大

3. K_I **参数调节**

磁悬浮系统设计使用的是，不完全 PID 算法，因此不涉及 K_I 积分调节，直接令 $K_I = 0$。

6　小　　结

磁悬浮系统设计实物如图 17-7 所示，基本上达到了预期的功能，实现了磁悬浮物的稳定悬浮，其中的磁悬浮物重量大于 200 g。

图 17-7　磁悬浮系统实物图